高·等·学·校·教·材
Gaodeng Xuexiao Jiaocai

机械设计
课程设计

王宪伦 徐 俊 主编

化学工业出版社
·北京·

本书为高等院校"机械设计"和"机械设计基础"课程的配套教材和教学指导书,内容紧扣教学的要求,较全面系统地阐述了机械设计课程设计的基本内容。包括三大部分:课程设计指导、常用设计标准资料、参考图例。第一部分为课程设计指导,包括概述、传动装置总体设计、传动零件设计、减速器结构、装配图设计、零件图设计、编写设计计算说明书和准备答辩;第二部分为机械设计常用标准和规范,包括一般标准和规范、金属材料、紧固件和连接件、滚动轴承、密封和润滑剂、联轴器、公差与配合、齿轮精度标准、圆柱蜗杆、蜗轮精度、电动机;第三部分为参考图例及设计题目,可供学生设计参考。

适用于高等院校机械类或近机类专业学生学习和参考。

图书在版编目(CIP)数据

机械设计课程设计/王宪伦,徐俊主编. —北京:化
学工业出版社,2010.7(2020.9重印)
高等学校教材
ISBN 978-7-122-08786-7

Ⅰ. 机⋯ Ⅱ.①王⋯②徐⋯ Ⅲ. 机械设计-课程设
计-高等学校-教材 Ⅳ. TH122-41

中国版本图书馆 CIP 数据核字(2010)第 105207 号

责任编辑:张兴辉   装帧设计:王晓宇
责任校对:战河红

出版发行:化学工业出版社(北京市东城区青年湖南街 13 号   邮政编码 100011)
印   装:三河市延风印装有限公司
787mm×1092mm   1/16   印张 10¾   字数 267 千字   2020 年 9 月北京第 1 版第 8 次印刷

购书咨询:010-64518888   售后服务:010-64518899
网   址:http://www.cip.com.cn
凡购买本书,如有缺损质量问题,本社销售中心负责调换。

定   价:32.00 元

前　言

机械设计课程设计是"机械设计"课程的延续教学环节，学生在老师的辅导下独立地运用前期课程及机械设计所学知识，进行一次全面、综合的设计练习，可以检查学生对前期课程学习知识的运用情况，使学生掌握机械设计的一般步骤和典型零件的设计方法，是学生整个大学学习过程中理论联系实际，进行实践训练的关键环节。

为了使学生在课程设计中能够得到系统的训练，能够在全面复习所学知识的同时有更多的精力去体会设计过程，掌握设计方法，我们编写了这本设计教学用书。本书以齿轮及蜗杆减速器设计为例，详细论述了设计的准备、传动方案的制定、结构设计与绘制、说明书的编制等内容，并根据实际需要附加了一些常用设计资料和参考例图，方便学生参考。同时为了顺利完成课程设计，便于教师指导及学生参考，本书编入了不同学时的各类设计题目及设计参数供选用。

本书分为三大部分，第一部分为机械设计课程设计指导（第1～7章），包括概述、传动装置总体设计、传动零件设计、减速器结构、装配图设计、零件图设计、编写设计计算说明书和准备答辩；第二部分为机械设计常用标准和规范（第8章），包括一般标准和规范，金属材料，紧固件和连接件，滚动轴承，密封和润滑剂，联轴器，公差与配合，齿轮精度标准，圆柱蜗杆、蜗轮精度，电动机；第三部分为参考图例及设计题目（第9章及附录），可供选用。

本书由青岛科技大学王宪伦、徐俊任主编。第1章由宋冠英编写，第2章由王宪伦编写，第3章由张则荣编写，第4章由邹玉静编写，第5章由李利、张莹编写，第6章及附录由徐俊编写，第7章、第9章由杨福芹编写，第8章由王海梅编写。全书由王宪伦、徐俊统稿。

青岛科技大学常德功、孟兆明、樊智敏审阅了全书，并提出了宝贵意见，在此谨致谢意！

本书紧密结合机械设计课程的教学要求，可以作为"机械设计"和"机械设计基础"的配套教材，有关技术资料和参考图例能够满足课程设计的基本需要，也可供学生自学及工程技术人员参考。

由于编者水平所限，书中不足之处在所难免，殷切期望广大读者批评指正。

编　者

前 言

目　录

第 1 章　课程设计概述

1.1　课程设计的目的

　　机械设计课程设计是高等工科院校机械类和近机械类专业的学生在校期间进行的第一次比较完整的工程设计训练，是机械设计课程的最后一个重要教学环节。其基本目的是：综合运用机械设计课程及其他有关已修课程的理论和生产实际知识进行机械设计训练，从而使这些知识得到进一步巩固、加深和扩展；学习和掌握通用机械零部件、机械传动及一般机械设计的基本方法和步骤，初步培养学生独立的工程设计能力；提高学生在计算、制图，运用设计资料、进行经验估算、考虑技术决策等机械设计方面的基本技能，为专业设计和以后工作打下基础。

1.2　课程设计的内容

　　机械设计课程设计是学生第一次进行较为全面的机械设计训练，其性质、内容以及培养学生设计能力的过程均不能与专业课程设计或工厂的产品设计相等同。机械设计课程设计一般选择由机械设计课程所学过的大部分零部件所组成的机械传动装置或结构较简单的机械作为设计题目。目前比较成熟的是以齿轮减速器或蜗杆减速器为主的机械传动装置。它包括了机械设计基础课程的主要内容。见附录任务书（1）～（6）。附录中任务书（1）～（3）适合 2 周课程设计，任务书（4）～（6）适合 3 周课程设计。

　　以上述常规设计题目为例，课程设计一般包括以下几个方面的内容：

　　① 传动装置的总体设计：拟定传动方案；选择电动机；计算传动装置的运动和动力参数；

　　② 主要传动零件、轴的设计计算；

　　③ 轴承及其组合部件、润滑密封、连接件和联轴器的选择及校验计算；

　　④ 减速器机体结构及其附件的设计；

　　⑤ 绘制装配图及零件工作图；

　　⑥ 编写设计说明书。

　　根据教学要求，在 2～3 周时间内每个学生完成的任务包括：设计图纸、设计计算说明书和答辩。设计图纸包括减速器装配图一张（A0 或 A1 图幅）；零件工作图 2～3 张（传动零件或轴等）。设计计算说明书是最重要的技术文档之一，每个参与课程设计的学生都必须按规定格式整理和编写一份《机械设计课程设计说明书》。说明书以设计计算内容为主，包括：确定传动装置总体方案，电动机选择，传动装置的运动学和动力学计算，传动零件的设计计算，轴、轴承、键连接的校核计算，联轴器的选择等内容。

1.3 机械设计课程设计的设计步骤

以上述常规设计题目为例，课程设计大体可按以下几个阶段进行。

（1）设计准备（约占总学时的 4%）

① 阅读设计任务书，明确设计内容和要求；分析设计题目，了解原始数据和工作条件。

② 通过参观（模型、实物、生产现场），拆装减速器试验，参阅设计资料等途径了解设计对象。

③ 阅读本书有关内容，明确并拟定设计过程和进度计划。

（2）传动装置的总体设计（约占总学时的 10%）

① 分析和拟定传动装置的运动简图。

② 选择电动机。

③ 计算传动装置的总传动比和分配各级传动比。

④ 计算各轴的转速、功率和转矩。

（3）各级传动的主体设计计算（约占总学时的 5%）

设计计算齿轮传动、蜗杆传动、带传动和链传动等的主要参数和尺寸。

（4）装配草图的设计和绘制（约占总学时的 35%）

① 装配草图设计准备工作：主要分析和选择传动装置的结构方案。

② 初绘装配草图及轴和轴承的计算：作轴、轴上零件和轴承部件的结构设计；校核轴的强度，滚动轴承的寿命和键、联轴器的强度。

③ 完成装配草图，并进行检查和修正。

（5）装配工作图的绘制和总成（约占总学时的 25%）

① 绘制装配图。

② 标注尺寸、配合及零件序号。

③ 编写零件明细栏、标题栏、技术特性及技术要求等。

（6）零件工作图的设计和绘制（约占总学时的 10%）

① 齿轮类零件的各种图。

② 轴类零件的工作图；具体内容由设计指导教师指定。

（7）设计计算说明书的编写（约占总学时的 9%）

（8）设计总结和答辩（约占总学时的 2%）

必须指出，上述设计步骤并不是一成不变的。机械设计课程设计与其机械设计一样，从分析总体方案开始到完成技术设计的整个过程中，由于在拟定传动方案时，甚至在完成各种计算设计时有一些矛盾尚未暴露，而待结构形状和具体尺寸表达在图纸上时，这些矛盾才会充分暴露出来，故设计时必须作必要修改，才能逐步完善，亦即需要"由主到次、由粗到细"，"边计算、边绘图、边修改"及设计计算与结构设计绘图交替进行，这种反复修正的工作在设计中往往是经常发生的。

1.4 机械设计课程设计的要求和注意事项

课程设计是学生第一次接受较全面的设计训练，它对学生今后从事技术工作有极其重要的影响。在整个设计过程中，必须严肃认真，刻苦钻研，一丝不苟，精益求精；培养严谨的工作作风和独立的工作能力。课程设计是在老师的指导下由学生独立完成的。设计中计算数据应该有理有据，制图应该规范，符合国家标准。遇到问题，学生必须发挥设计的主动性，主动思考问题，寻找解决问题的方法。反对机械抄袭资料，依赖教师的设计作风。

另外，在设计过程中，需处理好如下几个方面的问题，才能在设计思想、方法和技能各方面获得较好的锻炼与提高。

（1）定好设计进程计划，掌握设计进度

学生应在教师的指导下，按预定计划分阶段进行，保证质量，循序完成设计任务。

（2）掌握正确的设计方法

影响零部件结构尺寸的因素很多，不可能完全由计算确定，而需要借助类比、初估或画草图等手段，通过边计算、边绘图、边修改，即设计计算与结构设计绘图交叉进行来逐步完成。学生应从第一次设计开始就注意逐步掌握这一正确的设计方法。

（3）要做好记录和整理

在设计过程中，应记下重要的论据、结果、参考资料的来源以及需要进一步探讨的问题，使设计的各方面都做到有理有据。这对设计正常进行、阶段自我检查和编写计算说明书都是必要的。

（4）正确使用标准和规范

熟悉标准和熟练使用标准是课程设计的重要任务之一。设计中正确运用标准和规范，有利于零件的互换性和加工的工艺性，降低成本。如设计中采用的电动机、滚动轴承、联轴器、键等，其尺寸参数应按标准规定。另外，设计中尽量减少选用的材料牌号和规格，减少标准件的品种、规格，这样可以降低成本，方便使用和维修。

（5）正确处理参考已有资料和创新的关系

熟悉和利用已有的资料，既可避免许多重复的工作，加快设计进程，同时也是提高设计质量的重要保证。善于掌握和使用各种资料，如参考和分析已有的结构方案，合理选用已有的经验设计数据，也是设计工作能力的重要方面。但作为设计人员要有创新精神，不能简单抄袭已有的类似产品，必须具体分析吸收新的技术成果，注意新的技术动向，使设计质量和设计能力都获得提高。

第 2 章　机械传动装置的总体设计

机器通常是由原动机、传动装置、工作机和控制装置等部分组成，而其中传动装置是在原动机与工作机之间传递运动和动力的中间装置，它可以改变速度的大小与运动形式，并传递动力和扭矩。传动装置一般包括传动件（齿轮传动、蜗杆传动、带传动等）和支承元件（轴、轴承和箱体等）。

传动装置的总体设计包括确定传动方案、选择电动机型号、确定总传动比，并合理分配各级传动比、计算各级传动装置的运动和动力参数等，为下一步计算各级传动件提供条件。

2.1　传动方案的拟订

传动方案一般用机构运动简图表示，它能简单明了地反映出各部件的组成和连接关系，以及运动和动力传递路线。如由设计任务书给定传动方案时，学生应对传动方案进行分析，对方案是否合理提出自己的见解；若只给定工作机的性能要求（如带式运输机的有效拉力 F 和输送带的线速度 v 等），学生应根据各种传动的特点确定出最佳的传动方案。

2.1.1　传动方案应满足的要求

合理的方案首先应满足工作机性能要求，例如传动功率、转速、运动方式。此外，还要与工作条件（例如工作环境、工作场地、工作时间等）相一致，同时要求工作可靠、结构简单、尺寸紧凑、传动效率高、成本低和使用维护方便等。根据要求在拟定传动方案时，选定原动机后，可根据工作机的工作条件选择合理的传动方案，主要是合理地确定传动装置，包括合理地确定传动机构类型和布置传动顺序。合理地选择传动类型是拟定传动方案的重要环节。表 2-1 给出了常用传动机构的类型、性能和适用范围。表 2-2 给出了传动系统中常用减速器的形式、特点及应用。

表 2-1　常用传动机构的主要特性及适用范围

机构选用指标		传动方式					
		平带传动	V 带传动	链传动	齿轮传动		蜗杆传动
					圆柱	圆锥（直）	
功率/kW（常用值）		小（≤20）	中（≤100）	中（≤100）	大（最大达 5000）		小（≤50）
单级传动比	常用值	2～4	2～4	2～4	3～5	2～3	7～40
	最大值	6	15	7	10	6	80
传动效率		中	中	中	高		低
许用线速度/(m/s)		≤25	≤25～30	≤40	7 级精度		≤15～25
					≤10～17	≤6	
					8 级精度		
					≤5～10	≤3	

机构选用指标	传动方式					
	平带传动	V 带传动	链传动	齿轮传动		蜗杆传动
				圆柱	圆锥(直)	
外廓尺寸	大	大	大	小		小
传动精度	低	低	中	高		高
工作平稳性	好	好	较差	一般		好
自锁能力	无	无	无	无		可有
过载保护作用	有	有	无	无		无
使用寿命	短	短	中	长		中
缓冲吸振能力	好	好	中	差		差
要求制造及安装精度	低	低	中	高		高
要求润滑条件	不需要	不需要	中	· 高		高
环境适应性	不能接触酸、碱、油类、爆炸性气体		好	一般		一般

表 2-2　常用减速器的类型、特点及应用

名称		简　图	传动比范围	特点及应用
圆柱齿轮减速器	单级圆柱齿轮减速器		直齿≤4 斜齿≤6	齿轮可为直齿、斜齿,箱体常用铸铁铸造。支承多采用滚动轴承,重型减速器采用滑动轴承
	两级展开式圆柱齿轮减速器		8～30	齿轮相对于轴承不对称,要求轴具有较大的刚度。高速级齿轮常布置在远离扭矩输入端的一边,以减少因弯曲变形所引起的载荷沿齿宽分布不均匀现象。高速级常用斜齿,该类型结构简单,应用广泛
	两级同轴式圆柱齿轮减速器		8～30	箱体长度较小,两大齿轮浸油深度可大致相同。但减速器轴向尺寸较大;中间轴较长,刚度差,中间轴承润滑困难;多用于输入输出同轴线的场合
圆柱及圆锥齿轮减速器	单级圆锥减速器		直齿≤3 斜齿≤5	传动比不宜过大,减小齿轮尺寸,降低成本,用于输入轴与输出轴相交的传动
	两级圆锥-圆柱齿轮减速器		8～15	用于输入轴与输出轴相交而传动比较大的传动。圆锥齿轮应在高速级,以减小锥齿轮尺寸并有利于加工,圆柱齿轮与锥齿轮同轴应使轴向载荷相互抵消
单级蜗杆减速器	单级蜗杆减速器		10～40	传动比大,结构紧凑,但传动效率低,用于中小功率、输入轴与输出轴垂直交错的传动。下置式蜗杆减速器润滑条件较好,应优先选用。当蜗杆减速器圆周速度太高时,搅油损失大,才用上置式蜗杆减速器。此时,蜗轮轮齿浸油、蜗杆轴承润滑较差

2.1.2 传动机构类型及多级传动的布置原则

传动机构类型的选择和布置方式，对机器的性能、传动效率和结构尺寸等有直接影响。常用传动机构选择、布置原则如下。

① 带传动靠摩擦力传动，传动平稳，缓冲吸振能力强，但传动比不准确，传递相同转矩时，结构尺寸较大。因此，宜布置在高速级，在载荷多变，冲击振动严重，经常过载情况下，采用带传动还可以起到过载保护的作用，但不适合易燃、易爆的工作环境。

② 链传动靠链轮和链条的啮合传递运动，平均传动比恒定，并能适应较恶劣的环境，但其瞬时传动比不恒定，有冲击，宜布置在低速级。

③ 齿轮传动机构具有承载能力大、结构紧凑、效率高、寿命长和速度适用范围较广等优点。因此在传动装置中应优先采用，由于相同参数下，斜齿轮重合度大，传动平稳，承载能力强，常布置在高速级或要求传动平稳的场合。

表 2-3 带式输送机的传动方案及特点

方案	简　图	特　点
1		采用一级带传动与一级闭式齿轮传动，带传动具有传动平稳，缓冲吸振等优点，但不适合恶劣的工作环境，且结构不够紧凑
2		采用一级蜗杆传动，尺寸小，结构紧凑，但其效率低，功率损失大，适合空间受限，不需要连续工作的场合
3		该方案结构简单，效率高，制造维护方便，寿命长，但由于电动机、减速器和滚筒在一个方向，导致该方向尺寸较大，但采用了闭式齿轮传动，可得到良好的润滑与密封，能适应在繁重及恶劣的工作环境下长期工作，使用维护方便
4		圆锥-圆柱齿轮减速器结构紧凑，宽度尺寸较小，传动效率高，也适应在恶劣环境下长期工作，但结构复杂，制造成本较高，因锥齿轮比圆柱齿轮成本较高，所以锥齿轮一般放在高速级

④ 圆锥齿轮传动用于传递相交轴间的运动。由于圆锥齿轮特别是大直径、大模数圆锥齿轮加工制造困难，成本较高，所以应布置在高速级，并限制其传动比，以减少其直径和模数。

⑤ 蜗杆传动的传动平稳，传动比大，但效率低，当与齿轮传动同时使用时，宜布置在高速级，此时传递的转矩较小，并且工作齿面间有较高的相对滑动速度，利于形成流体动力润滑油膜，提高效率，减少磨损。

⑥ 闭式齿轮传动一般布置在高速级，以减少闭式传动的外轮廓尺寸；开式齿轮传动，由于其制造精度低、润滑条件差、易磨损、寿命短、尺寸大等特点，宜布置在低速级。

如表 2-3 给出了带式输送机四种传动方案及其特点。这四种方案都能够满足设计要求，但结构尺寸、性能指标、经济性等不相同，需要通过分析比较多种传动方案，选择既能保证重点又能兼顾众多方面的合理方案。

2.2　选择电动机

电动机是机械传动中应用极为广泛的原动机，产品已标准化和系列化。根据工作机的工作情况和运动、动力参数，通过计算来确定电动机的功率和转速，进而选择电动机的类型、结构形式和具体型号。

2.2.1　确定电动机的类型、结构

电动机的类型和结构形式一般根据工作条件、工作时间及载荷性质、大小等条件来选择，电动机根据电源种类可分为交流电动机和直流电动机两种。工业上一般采用三相交流电动机，交流电动机又分为同步电动机和异步电动机，Y 系列三相鼠笼式异步电动机由于具有结构简单、价格低廉、维护方便等优点，故应用广泛，适用于无特殊要求的各种机械设备，如机床、鼓风机、运输机以及农业机械和食品机械。

在经常启动、制动和反转、间歇的场合，要求电动机的转动惯量小，能克服短时过载，可选用 YZ（笼型）和 YZR（绕线型）系列三相异步电动机，一般适用于起重和冶金机械。

按安装位置不同，电动机的结构形式可分为卧式和立式两类；按防护方式不同，可分为开启式、防护式、封闭式和防爆式。常用的结构形式为卧式封闭型电动机。同一系列的电动机有不同的防护及安装形式，可按需要选用。各系列电动机的技术数据和外形尺寸参见本书 8.10。

2.2.2　确定电动机的功率

电动机的功率应根据工作要求进行合理选择。如果功率小于工作要求，则不能保证工作机正常工作，或使电动机长期过载、发热而过早损坏；功率过大，则电动机价格高，功率不能充分使用，造成浪费。

电动机的功率主要根据载荷大小，工作时间和发热条件来确定。对于长期连续工作、载荷稳定、常温下工作的机械，只要所选电动机的额定功率 P_e 等于或略大于电动机实际所需的输出功率 P_0，即 $P_e \geqslant P_0$ 就行。通常可不必校验电动机的发热和启动转矩。

（1）计算电动机实际所需的输出功率 P_0

$$P_0 = \frac{P_w}{\eta_a} \tag{2-1}$$

式中　P_w——工作机所需输入功率，kW；

η_a——传动装置总效率。

（2）计算工作机所需功率 P_w

应根据工作机的工作阻力和运动参数计算求得。课程设计时，可根据设计题目给定的工作机参数（F_w、v_w、T_w、n_w、η_w），按式（2-2）计算

$$P_w = \frac{F_w v_w}{1000 \eta_w} \tag{2-2}$$

或

$$P_w = \frac{T_w n_w}{9550 \eta_w} \tag{2-3}$$

式中　F_w——工作拉力，N；

v_w——工作机的线速，m/s；

T_w——工作机的转矩，N·m；

n_w——工作机的转速，r/min；

η_w——工作机的效率，对于带式输送机，一般取 $\eta_w = 0.94 \sim 0.96$。

（3）计算机械传动装置的总效率 η_a

$$\eta_a = \eta_1 \eta_2 \eta_3 \cdots \eta_n \tag{2-4}$$

式中，η_1、η_2、η_3、$\cdots \eta_n$ 分别为传动装置中每一级传动副（如带传动、齿轮传动、链传动等）、每对轴承及每个联轴器的效率，其值可参照表 2-4。

表 2-4　机械传动和轴承效率的概略值

传动类型	传动类别	效率 η	单级传动比	
			最大值	常用值
圆柱齿轮传动	7 级精度（稀油润滑）	0.98～0.99	10	3～5
	8 级精度（稀油润滑）	0.97	10	3～5
	9 级精度（稀油润滑）	0.96	10	3～5
	开式齿轮（脂润滑）	0.94～0.96	15	4～6
圆锥齿轮传动	7 级精度（稀油润滑）	0.97～0.98	6	2～3
	8 级精度（稀油润滑）	0.94～0.97	6	2～3
	开式齿轮（脂润滑）	0.92～0.95	6	≤4
带传动	平带传动	0.94	6	2～4
	V 带传动	0.95	7	2～4
链传动	开式	0.90～0.93	7	2～4
	闭式	0.95～0.97	7	2～4
蜗杆传动	自锁蜗杆	0.40～0.45	开式 100	开式 15～60
	单头蜗杆	0.70～0.75	闭式 80	闭式 10～40
	双头蜗杆	0.75～0.82		
	四头蜗杆	0.80～0.92		
滚动轴承	球轴承（稀油润滑）	0.99（一对）		
	滚子轴承（稀油润滑）	0.98（一对）		
滑动轴承	润滑不良	0.94（一对）		
	正常润滑	0.97（一对）		
	液体摩擦	0.98（一对）		
联轴器	浮动式（十字沟槽式等）	0.97～0.99		
	齿式联轴器	0.99		
	弹性联轴器	0.99～0.995		
带式输送机	输送机滚筒	0.96		

计算传动装置总效率时应注意以下几点。

① 资料推荐的效率值一般有一个范围，在一般条件下宜取中间值。若工作条件差、加工精度低和维护不良时，应取较低值；反之可取较高值。

② 同类型的几对传动副、轴承或联轴器，要分别计入各自的效率。

③ 蜗杆传动效率与蜗杆头数及材料有关，设计时应初选头数并估计效率。此外蜗杆传动效率中已包括蜗杆轴上一对轴承的效率，因此，在总效率的计算中，蜗杆轴上的轴承效率不再计入。

④ 轴承效率通常指一对而言。

（4）确定电动机额定功率 P_e

根据电动机实际所需的输出功率 P_d，查表 8-108，确定电动机额定功率 P_e，取 $P_d \geqslant P_e$ 并最接近于 P_e。

2.2.3　确定电动机的转速

额定功率相同的三相异步电动机，其同步转速有 750r/min、1000r/min、1500r/min 和 3000r/min 四种。一般来说电动机转速越低，则磁极数越多，外廓尺寸及重量都较大，价格也越高，但传动装置总传动比小，可使传动装置的结构紧凑。反之，转速愈高，外廓尺寸愈小，价格愈低，而传动装置总传动比要增大，传动零件尺寸加大，从而提高该部分的成本。因此，在确定电动机转速时，应和传动装置综合考虑，选择合适的转速。在一般机械中，用得最多的是 1000r/min 和 1500r/min 的电动机。

选择电动机转速时，可先根据工作机的转速和传动装置中各级传动的常用传动比范围，推算出电动机转速的可选范围，以供参考比较。即

$$n_d = (i_1' i_2' i_3' \cdots i_n')n_w \tag{2-5}$$

式中　　　　　n_d——电动机转速可选范围，r/min；

　　　　　　　n_w——工作机的转速，r/min；

i_1'、i_2'、i_3'、$\cdots$、i_n'——各级传动机构的合理传动比范围，见表 2-2。

课程设计时从通用性和实用性考虑，优先选用同步转速为 1000r/min、1500r/min 两种。

2.2.4　确定电动机的型号

根据确定的电动机的类型、结构、功率和转速，可由表 8-108 查取 Y 系列电动机型号及外形尺寸，并将电动机型号、额定功率、满载转速、外形尺寸、电动机中心高、轴伸尺寸和键连接尺寸等相关数据记录备用。

课程设计过程中进行传动装置的传动零件设计时所用到的功率，以电动机实际所需输出功率 P_d 作为设计功率。只有在有些通用设备为适应不同工作需要，要求传动装置具有较大通用性和适应性时，才按额定功率 P_e 计算。传动装置的转速均按电动机额定功率下的满载转速 n_m 来计算，该转速和实际工作转速相当。

2.3　传动装置总传动比的计算及分配

2.3.1　总传动比的确定

电动机确定后，根据电动机的满载转速 n_m 及工作机的转速 n_w，计算出传动装置的总传动比。即

$$i = \frac{n_{\mathrm{m}}}{n_{\mathrm{w}}} \tag{2-6}$$

2.3.2 各级传动比的分配

若传动装置由多级传动组成，则总传动比应为串联的各分级传动比的连乘积

$$i = i_1 i_2 \cdots i_n \tag{2-7}$$

合理分配传动比在传动装置设计中非常重要。它直接影响到传动装置的外廓尺寸、重量、润滑情况等许多方面。各级传动比分配时应考虑以下几点。

① 各级传动比应在各自推荐的范围内选取，不要超过所允许的最大值。各类传动的传动比数值范围见表 2-4。

② 应使各传动件零件尺寸协调、结构匀称合理，避免传动零件之间的相互干涉或安装困难。如图 2-1 所示，由于带传动的传动比过大，大带轮半径大于减速器输入轴中心高度，造成安装困难。因此由带传动和单级齿轮减速器组成的传动装置中，一般应使带传动的传动比小于齿轮的传动比。如图 2-2 所示，高速级传动比过大，造成高速级大齿轮齿顶圆与低速轴相碰。

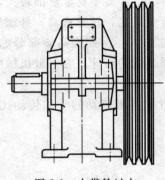

图 2-1　大带轮过大

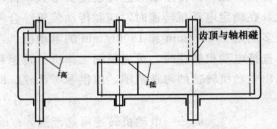

图 2-2　高速级大齿轮与低速轴相碰

③ 应使传动装置的总体尺寸紧凑，重量最小。图 2-3 所示为二级圆柱齿轮减速器，在总传动比相同时，图（b）方案所示的结构具有较小的外廓尺寸，这是由于大齿轮直径较小的缘故。

④ 在二级或多级齿轮减速器中，尽量使各级大齿轮浸油深度大致相近，以便于实现统一的浸油润滑。如在二级展开式齿轮减速器中，常设计为各级大齿轮直径相近，以便于齿轮浸油润滑。一般推荐 $i_1 = (1.2 \sim 1.5) i_2$，二级同轴式圆柱齿轮减速器 $i_1 = i_2 \approx \sqrt{i}$，式中 i_1、i_2 分别为高速级和低速级的传动比，i 为减速器总传动比，总传动比较大时，选较大值，反之，选较小值。如图 2-3 所示，两方案均能满足传动比的要求，但图 2-3（b）的润滑情况比（a）合理。

⑤ 对于圆锥—圆柱齿轮减速器，为了控制大齿轮尺寸，便于加工，一般高速级的锥齿轮传动比 $i_1 = (0.22 \sim 0.28) i$，且 $i \leqslant 3$，式中 i_1 为高速级传动比，i 为减速器总传动比。

应当指出，以上各级传动比的分配数据仅是初步的，传动装置的实际传动比与选定的传动件参数（如齿轮齿数、带轮基准直径、链轮齿数等）有关，所以实际传动比与初始分配的传动比会不一致。例如初定齿轮传动的传动比 $i = 3.1$，$z_1 = 25$，则 $z_2 = i z_1 = 77.5$，取 $z_2 = 78$，故实际传动比为 $i = z_2 / z_1 = 78 / 23 = 3.12$。对于一般用途的传动装置，如误差（即 $\Delta i / i$）在 $\pm 5\%$ 范围内，不必修改；若误差超过 $\pm 5\%$，则要重新调整各级传动比，并对有关

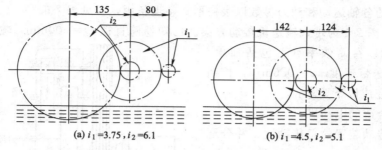

(a) $i_1 = 3.75$，$i_2 = 6.1$　　　　(b) $i_1 = 4.5$，$i_2 = 5.1$

图 2-3　传动比分配不同对结构尺寸的影响

计算进行相应修改。

2.4　传动装置的运动参数和动力参数的计算

为进行传动零件的设计计算，应首先计算传动装置的运动参数和动力参数，即各轴的转速、功率和转矩。由电动机轴至工作机各轴的编号依次定为 0 轴、Ⅰ 轴、Ⅱ 轴……，并一般设

n_I，n_II，n_III ···——各轴转速，r/min；

P_I，P_II，P_III ···——各轴的输入功率，kW；

T_I，T_II，T_III ···——各轴的输入转矩，N·m；

η_{01}，η_{12}，η_{23} ···——相邻两轴的传动效率；

i_{01}，i_{12}，i_{23} ···——相邻两轴的传动比。

2.4.1　各轴转速

$$n_\mathrm{I} = \frac{n_\mathrm{m}}{i_{01}} \tag{2-8}$$

$$n_\mathrm{II} = \frac{n_\mathrm{I}}{i_{12}} = \frac{n_\mathrm{m}}{i_{01} i_{12}} \tag{2-9}$$

$$n_\mathrm{II} = \frac{n_\mathrm{II}}{i_{23}} = \frac{n_\mathrm{m}}{i_{01} i_{12} i_{23}} \tag{2-10}$$

其余类推。

2.4.2　各轴输入功率

$$P_\mathrm{I} = P_0 \eta_{01} \tag{2-11}$$

$$P_\mathrm{II} = P_\mathrm{I} \eta_{12} = P_0 \eta_{01} \eta_{12} \tag{2-12}$$

$$P_\mathrm{III} = P_\mathrm{II} \eta_{23} = P_0 \eta_{01} \eta_{12} \eta_{23} \tag{2-13}$$

其余类推。

2.4.3　各轴输入转矩

$$T_0 = 9550 \frac{P_0}{n_\mathrm{m}} \tag{2-14}$$

$$T_\mathrm{I} = T_0 i_{01} \eta_{01} \tag{2-15}$$

$$T_\mathrm{II} = T_\mathrm{I} i_{12} \eta_{12} \tag{2-16}$$

$$T_\mathrm{III} = T_\mathrm{II} i_{23} \eta_{23} \tag{2-17}$$

其余类推。

计算所得的各轴运动和动力参数以表格形式整理备用，参见表 2-6。

【例 2-1】　图 2-4 为带式输送机传动方案。已知卷筒直径 $D=500\mathrm{mm}$，输送带的有效拉力 $F_\mathrm{w}=7000\mathrm{N}$，卷筒效率（不包括轴承）$\eta_\mathrm{w}=0.96$，输送带速度 $v_\mathrm{w}=0.6\mathrm{m/s}$，长期连续工作。试完成以下要求：

(1) 选择合适的电动机；

(2) 计算传动装置的总传动比，并分配传动比；

(3) 计算传送装置中各轴的运动和动力参数。

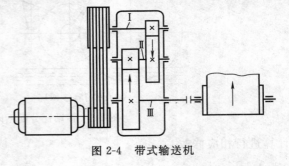

图 2-4　带式输送机

解　(1) 选择电动机

① 选择电动机类型和结构形式。按工作条件和要求，选用一般用途的 Y 系列卧式封闭结构三相异步电动机。

② 选择电动机的容量。工作机所需的功率为 P_w

$$P_\mathrm{w}=\frac{F_\mathrm{w}v_\mathrm{w}}{1000\eta}$$

式中，$F_\mathrm{w}=7000\mathrm{N}$，$v_\mathrm{w}=0.6\mathrm{m/s}$，$\eta=0.96$，代入上式得

$$P_\mathrm{w}=\frac{F_\mathrm{w}v_\mathrm{w}}{1000\eta}=\frac{7000\times0.6}{1000\times0.96}=4.375\ (\mathrm{kW})$$

电动机所需功率 P_0

$$P_0=\frac{P_\mathrm{w}}{\eta}$$

电动机至滚筒主动轴之间的传动装置的总效率为

$$\eta=\eta_\text{带}\,\eta_\text{轴承}^4\,\eta_\text{齿轮}^2\,\eta_\text{联轴器}$$

由表 2-4 查得 $\eta_\text{带}=0.95$，$\eta_\text{轴承}=0.99$，$\eta_\text{齿轮}=0.98$，$\eta_\text{联轴器}=0.99$，则

$$\eta=\eta_\text{带}\,\eta_\text{轴承}^4\,\eta_\text{齿轮}^2\,\eta_\text{联轴器}=0.95\times0.99^4\times0.98^2\times0.99=0.868$$

$$P_0=\frac{P_\mathrm{w}}{\eta}=\frac{4.375}{0.868}=5.040\ (\mathrm{kW})$$

选取电动机的额定功率 P_m，使 $P_\mathrm{m}=(1\sim1.3)P_0$，查本书表 8-108 取 $P_\mathrm{m}=5.5\mathrm{kW}$。

③ 确定电动机的转速。工作机卷筒轴的转速 n_w 为

$$n_\mathrm{w}=\frac{60\times1000v}{\pi D}=\frac{60\times1000\times0.6}{\pi\times500}=22.92\ (\mathrm{r/min})$$

按推荐的传动比合理范围，取 V 带传动的传动比 $i_\text{带}=2\sim4$，单级圆柱齿轮传动比 $i_\text{齿轮}=3\sim6$，总传动比的合理范围 $i'=18\sim144$，故电动机转速范围为

$$n_\mathrm{m}=i'n_\mathrm{w}=(18\sim144)\times22.92=412\sim3300\ (\mathrm{r/min})$$

符合这一转速范围的同步转速有 750r/min、1000r/min、1500r/min 和 3000r/min 四种，由表 8-108、表 8-110 查出三种适用的电动机型号，因此有三种传动方案，如表 2-5 所列。

综合考虑电动机和传动装置的尺寸、结构和带传动及减速器的传动比，方案 2 比较合适，所以选定电动机的型号为 Y132M2-6。

表 2-5 传动方案对照

方案	电动机型号	额定功率 P_m/kW	电动机转速/(r/min)		电动机质量 /kg	传动装置的传动比		
			同步	满载		总传动比	V带传动	减速器
1	Y132S-4	5.5	1500	1440	68	94.18	3	31.39
2	Y132M2-6	5.5	1000	960	84	62.79	2.8	22.42
3	Y160M2-8	5.5	750	720	119	47.09	2	23.55

（2）计算传动装置的总传动比并分配各级传动比

① 传动装置的总传动比为

$$i=\frac{n_m}{n_w}=\frac{960}{22.92}=41.88$$

② 分配各级传动比

因 $i=i_0i_1i_2$，初取 $i_0=2.8$，则齿轮减速器的传动比为

$$i_减=\frac{i}{i_{01}}=\frac{41.88}{2.8}=14.96$$

按展开式布置，取 $i_{12}=1.3i_{23}$，可算出

$$i_{23}=\sqrt{\frac{i_减}{1.3}}=3.39$$

$$i_{12}=\frac{i_减}{i_{23}}=\frac{14.96}{3.39}=4.413$$

③ 计算传动装置的运动参数和动力参数

a. 各轴转速

$$n_Ⅰ=\frac{n_m}{i_{01}}=\frac{960}{2.8}=342.9\ (r/min)$$

$$n_Ⅱ=\frac{n_Ⅰ}{i_{12}}=\frac{342.9}{4.413}=77.71\ (r/min)$$

$$n_Ⅲ=\frac{n_Ⅱ}{i_{23}}=\frac{77.71}{3.39}=22.92\ (r/min)$$

卷筒轴与Ⅲ轴同轴

$$n_N=22.92r/min$$

b. 各轴功率

$$P_Ⅰ=P_0\eta_{01}=P_0\eta_带=5.040\times0.95=4.788\ (kW)$$
$$P_Ⅱ=P_Ⅰ\eta_{12}=P_Ⅰ\eta_{轴承}\eta_{1齿轮}=4.788\times0.99\times0.98=4.645\ (kW)$$
$$P_Ⅲ=P_Ⅱ\eta_{23}=P_Ⅱ\eta_{轴承}\eta_{2齿轮}=4.645\times0.99\times0.98=4.507\ (kW)$$

卷筒轴

$$P_N=P_Ⅲ\eta_{34}=P_Ⅲ\eta_{轴承}\eta_{联轴器}=4.507\times0.99\times0.99=4.417\ (kW)$$

c. 各轴转矩

$$T_0=9550\times\frac{P_0}{n_m}=9550\times\frac{5.04}{960}=50.14\ (N\cdot m)$$

$$T_Ⅰ=T_0i_{01}\eta_{01}=50.14\times2.8\times0.95=133.36\ (N\cdot m)$$

$$T_Ⅱ=T_Ⅰi_{12}\eta_{12}=133.36\times4.413\times0.99\times0.98=570.98\ (N\cdot m)$$

$$T_{\text{III}} = T_{\text{II}} i_{23} \eta_{23} = 570.98 \times 3.39 \times 0.99 \times 0.98 = 1877.94 \ (\text{N} \cdot \text{m})$$

滚筒轴

$$T_{\text{N}} = T_{\text{III}} \eta_{34} = 1877.94 \times 0.99 \times 0.99 = 1840.57 \ (\text{N} \cdot \text{m})$$

将运动和动力参数计算结果进行整理，见表 2-6。

表 2-6　运动和动力参数

参数	轴　名				
	电动机轴	I 轴	II 轴	III 轴	卷筒轴
转速 n/(r/min)	960	342.9	77.71	22.92	22.92
功率 P/kW	5.04	4.788	4.645	4.507	4.417
转矩 T/N·m	50.13	133.36	570.98	1877.94	1840.57
传动比 i	—	2.8	3.39	4.41	1	—
效率 η	—	0.95	0.97	0.97	0.98	—

第3章 主要传动件的设计计算和轴系的初步设计

在机械传动装置总体设计中，传动装置包含很多零件，那么，首先应选择哪些零件进行强度、刚度等计算和结构设计呢？正确的回答应是"由主到次、由粗到细"。"主"是指对事物有决定意义的环节。零件虽多，但带轮、齿轮、蜗杆等传动件却是影响或决定整机运动特性的，是主要的，而其他零件则是为了支承它们，连接它们，使之具有确定位置并正常工作。因而，在设计次序上，前者应是主导和先行的，后者则是从属的，可以说是必须放在后一步进行的。

当然，说传动件在零件设计中应是主导和先行，并不是说其全部结构和尺寸都要在装配草图设计前都加以确定。这是因为一方面传动件与轴以键相连，因而在与之相配的轴的结构尺寸尚未确定之前，其孔径和轮宽尺寸等也就无法确定；另一方面，轮辐、圆角和工艺斜度等结构尺寸对零件间的相对位置、安装及力的分析等关系不大，故不需要在装配草图设计以前考虑和完成，而是在装配草图设计、甚至在零件工作图设计过程中"由粗到细"地进行，以便集中精力解决主要矛盾，并减少返回修改的工作量。

进行减速器装配工作图的设计前，必须先进行传动件的设计计算，因为传动件的尺寸直接决定了传动装置的工作性能和结构尺寸。传动零件的设计计算，包括确定各级传动零件的材料、主要参数及其结构尺寸，为绘制装配草图做好准备工作。

传动件包括减速器内、外传动件两部分。课程设计时，为使所设计减速器的原始条件比较准确，则应先设计减速器外传动件，再设计减速器内传动件。各类传动零件的具体设计计算方法均按教材进行设计计算。下面仅对传动零件的设计计算要求和应注意的问题作简要提示。

3.1 减速器外传动件的设计

一般先设计计算减速器外的传动零件（如带传动、链传动和开式齿轮传动等），这些传动零件的参数确定以后，减速器外部传动的实际传动比即可确定；使随后设计减速器内传动零件时，有较准确的原始条件。例如带轮直径标准化后，带传动的实际传动比已与总体设计时不同了，据此可以计算出减速器的传动比和各轴转矩的准确值。然后应检查开始计算的运动及动力参数有无变化，如有变动，应作相应的修改；再进行减速器内各轴转速、扭矩及传动零件的设计计算，这样计算所得传动比误差小些，各轴扭矩的数值也较为准确，最后进行减速器内传动零件的设计计算。

通常，由于时间限制，减速器外传动件只需确定其主要参数和尺寸，不进行详细的结构设计，装配图上一般不画外部传动件。

设计普通 V 带传动所需的已知条件主要有：原动机的种类和所需传动的功率，主动轮和从动轮的转速（或传动比），工作要求及外廓尺寸要求。设计内容包括：确定 V 带型号、长度和根数；带轮的材料和结构，传动中心距以及轴上压力的大小和方向，并计算带传动的实际传动比和传动的张紧装置等。

设计计算时应注意以下问题。

① 在 V 带传动的主要尺寸设计确定后，应检查其尺寸在传动装置中是否合适，例如图 3-1 所示的传动装置中，小带轮直接装在电动机轴上，应检查小带轮顶圆半径是否小于电动机中心高 H；大带轮装在减速器输入轴上，应检查大带轮直径是否过大而与机架相碰，如图 2-2 所示；还应检查带传动中心距是否合适，电动机与减速器是否会发生干涉现象等。

② 应考虑带轮尺寸与其相关零件尺寸的相应关系。例如，小带轮轴孔直径和轮毂宽度应按电动机的外伸轴尺寸来确定，小带轮直接安装在电动机轴上时其轮毂孔径应等于电动机轴外伸直径，大带轮装在减速器输入轴上时其轮毂孔径应等于减速器输入轴端直径。

③ 带轮的轮毂长度与轮缘宽度不一定相同。一般轮毂长度 L 按与其配合的轴直径 d 的大小确定，通常取 $L=(1.5\sim2)d$，而轮缘宽度则取决于传动带的型号和根数，如图 3-1。

④ 带轮直径确定后，应根据该直径和滑动率计算带传动的实际传动比和从动轮的转速，并据此修正减速器所要求的传动比和输入转矩。

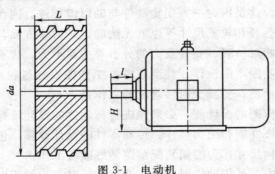

图 3-1 电动机

3.2 减速器内传动件的设计

3.2.1 斜齿圆柱齿轮传动

① 选择齿轮材料时，应先估计齿轮直径并注意毛坯制造方法。如果齿轮直径 $d\leqslant500\text{mm}$ 时，根据设备加工能力，采用锻造或铸造毛坯；当 $d>500\text{mm}$ 时，多用铸造毛坯。如果小齿轮的齿根圆直径与轴径接近时，即斜齿轮的齿根至键槽的距离 $x<2.5m_n$，齿轮与轴可制成一体，称为齿轮轴，其材料应兼顾轴的要求。同一减速器的各级小齿轮（或大齿轮）的材料应尽可能一致，以减少材料牌号和工艺要求。

② 齿轮强度计算公式中，载荷和几何参数是用小齿轮输出转矩 T_1 和分度圆直径 d_1 表示的，因此不论强度计算是针对小齿轮还是大齿轮的，公式中的转矩均应为小齿轮输出转矩，齿轮直径应为小齿轮直径，齿数为小齿轮齿数。小齿轮齿数和大齿轮齿数最好互为质数，以防止磨损和失效集中发生在某几个轮齿上；通常取小齿轮齿数范围为 $z_1=20\sim40$。

③ 齿宽系数 $\psi_d=b/d_1$ 中，d_1 为小齿轮直径，b 为一对齿轮的工作宽度，在决定大、小齿轮宽度时，根据 ψ_d 和 d_1 求出齿宽 b 即为大齿轮宽度，齿宽数值应进行圆整；为了易于补偿齿轮轴向位置误差，使装配便利，小齿轮宽度 $b_1=b+(5+10)\text{mm}$。

④ 正确处理强度计算所得参数和齿轮几何尺寸之间的关系。强度计算和齿轮结构尺寸

的关系是，强度计算所得尺寸是齿轮结构设计尺寸的依据和基础。齿轮结构的设计几何尺寸要接近或大于强度计算尺寸，使其既满足强度要求又符合啮合几何关系。最终确定的齿轮参数若超过强度计算所得数值许多，则是浪费，应调整参数，予以纠正。

对齿轮传动的参数和尺寸，有严格的要求。对于大批生产的减速器，其齿轮中心距应参考标准减速器的中心距；对于中、小批生产或专用减速器，为了制造、安装方便，由强度计算得出的中心距应圆整，最好使中心距为 0 或 5 结尾的整数，以便于箱体的制造和测量；模数应取标准值，且在动力传动中，为安全可靠，一般模数需不小于 1.5mm；齿数要取整数；斜齿轮螺旋角应在合理的范围（$\beta = 8° \sim 25°$）之内。要同时满足以上条件，需对初步确定的几何参数进行调整，可采用调整齿数、螺旋角或变位的办法来凑中心距。

⑤ 对于齿轮的啮合尺寸必须精确，一般应准确到小数点后 2~3 位；如分度圆、节圆、齿顶圆、齿根圆直径及变位系数等，必须精确计算至小数点后三位小数；对于螺旋角等角度，必须精确计算到秒（"）。对于一般结构尺寸，应当圆整；如齿宽、轮缘内径、轮辐厚度、轮辐孔径等，按参考资料给定的经验公式计算后均应尽量圆整，以便于制造和测量。

3.2.2 蜗杆传动

现在减速器已经成为一种专门部件，为了提高质量，简化结构形式及尺寸，降低成本，一些机器制造部门对其各类通用的减速器进行了专门的设计和制造。常用的减速器已经标准化和规格化了。在课程设计中，一般根据给定的任务，参考标准系列产品设计非标准化的减速器。

设计蜗杆传动需要确定的内容是：蜗杆和蜗轮的材料，蜗杆的热处理方式，蜗杆的头数和模数，蜗轮的齿数和模数、分度圆直径、齿顶圆直径、齿根圆直径、导程角、蜗杆螺纹部分长度，蜗轮轮缘宽度和轮毂宽度以及结构尺寸等。

① 由于蜗杆传动的滑动速度大，摩擦和发热剧烈，因此要求蜗杆蜗轮副材料具有较好的耐磨性和抗胶合能力。一般是根据初步估计的滑动速度来选择材料。蜗杆副的滑动速度可由式（3-1）估计

$$v_s = 5.2 \times 10^{-4} n_1 \sqrt[3]{T_2} \quad (\text{m/s}) \tag{3-1}$$

式中　n_1——蜗杆转速，r/min；

$\quad\quad T_2$——蜗轮轴转矩，kN·m。

当蜗杆传动尺寸确定后，要检验相对滑动速度和传动效率与估计值是否相符，并检查材料选择是否恰当。若与估计有较大出入，应修正重新计算。

② 蜗杆模数 m 和分度圆直径 d_1 应取标准值，且 m、d_1 与直径系数 q 三者之间应符合标准的匹配关系。蜗杆传动的中心距应尽量圆整为 0 或 5 结尾的整数，此时常需对蜗杆传动进行变位。变位蜗杆传动只改变蜗轮的几何尺寸，蜗杆几何尺寸不变。蜗轮的变位系数取值范围为 $-1 < x_2 < 1$。如不符合，则应调整 d_1 值或改变蜗轮 1~2 个齿数。蜗轮蜗杆的啮合尺寸必须计算精确值，其他结构尺寸应尽量圆整。为便于加工，蜗杆螺旋线方向尽量采用右旋。

③ 单级蜗杆减速器根据蜗杆的位置可分为蜗杆上置、蜗杆下置和侧置蜗杆三种。蜗杆的位置应由蜗杆分度圆的圆周速度来决定，选择时应尽可能选用下置蜗杆的结构。一般蜗杆圆周速度 $v_1 < 4 \sim 5$m/s 时，蜗杆下置，此时的润滑和冷却问题均较容易解决，同时蜗杆的轴承润滑也很方便。当蜗杆的圆周速度 $v_1 > 4 \sim 5$m/s 时，为了减少溅油损耗，可采用上置蜗杆结构。

④ 蜗杆的强度和刚度验算以及蜗杆传动热平衡计算，都应在画出装配草图并确定蜗杆支点距离和箱体轮廓尺寸之后，才能进行。为了保证传动的正常运转，箱内的油温不应超过70℃，若超过时，应采取适当的散热措施。关于减速器的热平衡计算及散热装置散热能力的计算等可参见教材和有关参考资料。

3.2.3 锥齿轮传动

① 圆锥齿轮以大端模数为标准，计算几何尺寸要用大端模数。

② 轴交角为 90° 时，由传动比确定齿数后，分度圆锥角 δ_1 和 δ_2 由齿数比确定，应准确计算，不能圆整。

③ 分度圆直径、锥距、分度圆锥角等要精确计算不得圆整，齿宽 $b = \psi_R R$ 要圆整，并使大小齿轮宽度相等。

3.3 轴系的初步设计

为使轴上零件的定位、固定、便于拆装和调整，具有良好的加工工艺性等要求，通常设计成阶梯轴。轴系的初步设计，首先要初估轴径，选择联轴器、轴承型号，初步确定轴头、轴颈的径向尺寸。

（1）初估轴径

按纯扭矩受力状态初步估算轴的最小直径，计算式为

$$d_{\min} \geqslant A \sqrt[3]{\frac{P}{n}} \tag{3-2}$$

式中　P——轴传递的功率，kW；

　　　n——工作机的转速，r/min；

　　　A——由许用应力确定的系数，详见教材。

初估轴径还要考虑键槽对轴强度的影响。若轴上开有一个键槽，直径应增大 3%～5%，有两个键槽时，直径增大 7%～10%，并尽量圆整为标准值。

轴设计的最小直径往往是轴外伸端直径。如果轴的外伸端上是装 V 带轮，该轴径确定时要考虑与 V 带轮结构匹配的问题。如果轴的外伸端与联轴器连接，并通过联轴器与电动机（或工作机主轴）相连，则轴的计算直径和电动机轴径均应在所选联轴器孔径允许范围内，这就涉及到同时要选择联轴器。

（2）选择联轴器

选择联轴器包括选择联轴器的类型和型号。

一般在传动装置中有两处用到联轴器，一处是连接电动机轴与减速器高速轴的联轴器；另一处是连接减速器低速轴与工作机轴的联轴器。前者由于所连接轴的转速较高，为了减小启动载荷、缓和冲击，应选用具有较小转动惯量的弹性联轴器（如弹性柱销联轴器等）。后者由于所连接轴的转速较低，传递的转矩较大，如果能保证两轴安装精度时可选用刚性联轴器（如凸缘联轴器等）；否则可选用无弹性元件的挠性联轴器（如十字滑块联轴器等）。

对于标准联轴器，主要按传递转矩的大小和转速选择型号，在选择时还应注意联轴器的孔型和孔径与轴上相应结构、尺寸要一致（见第 8 章 8.5 节）。

（3）选择滚动轴承类型及尺寸

滚动轴承类型的选择，与轴承承受载荷的大小、方向、性质及轴的转速有关。根据轴的

最小直径，综合选择轴承的内径尺寸，初步确定轴承类型代号，为轴的径向尺寸设计作准备。

普通圆柱齿轮减速器常选用深沟球轴承或圆锥滚子轴承。当载荷平稳或轴向力相对径向力较小时，常选深沟球轴承；当轴向力较大、载荷不平稳或载荷较大时，可选用圆锥滚子轴承。轴承的内径是在轴的径向尺寸设计中确定的。一根轴上的两个支点宜采用同一型号的轴承，这样，轴承座孔可一次镗出，以保证加工精度。选择轴承型号时可先选 02 系列。

蜗杆轴承支点与齿轮轴承支点受力情况不同。蜗杆轴承承受轴向力大，因此不宜选用深沟球轴承承受蜗杆的轴向力，一般可选用能承受较大轴向力的角接触球轴承或圆锥滚子轴承。角接触球轴承较相同直径系列的圆锥滚子轴承的极限转速高。但在一般蜗杆减速器中，蜗杆转速常在 3000r/min 以下，而内径为 ϕ90mm 以下的圆锥滚子轴承，在油润滑条件下，其极限转速都在 3000r/min 以上。同时，圆锥滚子轴承较相同直径系列的角接触球轴承基本额定动负荷值高，而且价格又低。因此，蜗杆轴承多选用圆锥滚子轴承。当转数超过圆锥滚子轴承的极限转速时，才选用角接触球轴承。当轴向力非常大而且转速又不高时，可选用双向推力球轴承承受轴向力，同时选用向心轴承承受径向力。因蜗杆轴轴向力大，且转速较高，故开始常初选 03 系列轴承（见第 8 章 8.4 节）。

锥齿轮轴向力较大，载荷大时多采用圆锥滚子轴承（见第 8 章 8.4 节）。

第 4 章　减速器结构

减速器种类不同，其结构形式也不相同。

图 4-1 为二级圆柱齿轮减速器，其箱体采用剖分式结构，由机座和箱盖组成，其剖分面在各轴中心线所在的平面内；轴承、齿轮等轴上零件在箱体外安装在轴上后，再放入机座轴承孔内，然后合上箱盖因而装拆方便；机座与箱盖由定位销确定其相对位置，并用螺栓连接紧固；箱盖凸缘两端各有一螺纹孔，拧入起盖螺钉，用于由机座上揭开箱盖，以便拆卸；箱盖顶部有窥视孔，平时用视孔盖盖上；视孔盖或箱盖上设有通气器，能使箱体内受热膨胀的气体自内逸出；机座上设有油标尺，用于检查油面高度；在箱座底部有放油螺塞，用来排放箱体内的油污，其头部支承面上垫有封油垫圈，以防止漏油；吊环螺钉用于起吊箱盖，而整台减速器的提升应使用与机座铸成一体的吊钩；减速器用地脚螺栓固定在机架或地基上。

图 4-1 中的齿轮采用浸油润滑，轴承采用飞溅润滑，为此箱体上应做出油沟。油沟将齿轮运转时飞溅到箱盖上的油汇集起来，导入轴承室内。

图 4-2 所示为圆锥-圆柱齿轮减速器。

图 4-3 所示为蜗杆减速器。

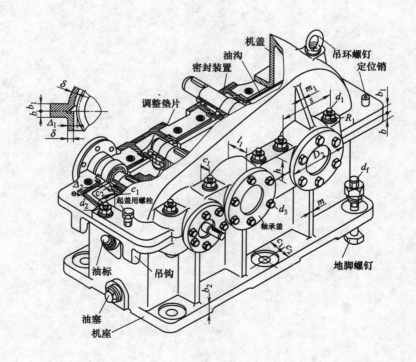

图 4-1　二级圆柱齿轮减速器

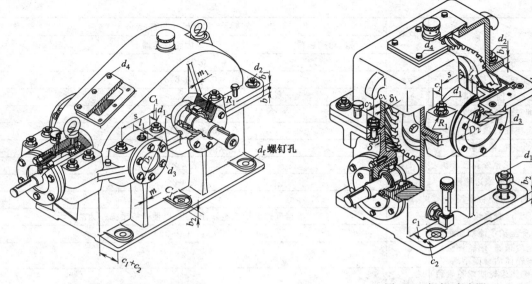

图 4-2　圆锥-圆柱齿轮减速器　　　　　　图 4-3　蜗杆减速器

以上几种典型减速器可以看出，减速器的基本结构由箱体、轴系部件和附件三大部分组成。

4.1　箱体

表 4-1、表 4-2 列出了计算减速器有关尺寸的经验值。

表 4-1　铸铁减速器箱体结构尺寸（图 4-1、图 4-2、图 4-3）

名　称	符号	减速器形式及尺寸关系/mm		
		齿轮减速器	圆锥齿轮减速器	蜗杆减速器
机座壁厚	δ	一级　$0.025a+1\geqslant8$ 二级　$0.025a+3\geqslant8$ 三级　$0.025a+5\geqslant8$	$0.0125(d_{1m}+d_{2m})+1\geqslant8$ 或 $0.01(d_1+d_2)+1\geqslant8$ d_1,d_2 为小、大锥齿轮的大端直径 d_{1m},d_{2m} 为小、大锥齿轮的平均直径	$0.04a+3\geqslant8$
		考虑铸造工艺，所有壁厚都不应小于 8		
箱盖壁厚	δ_1	一级　$0.02a+1\geqslant8$ 二级　$0.02a+3\geqslant8$ 三级　$0.02a+5\geqslant8$	$0.01(d_{1m}+d_{2m})+1\geqslant8$ 或 $0.0085(d_1+d_2)+1\geqslant8$	蜗杆在上：$\approx\delta$ 蜗杆在上：$\approx0.85\delta\geqslant8$
机座凸缘厚度	b	1.5δ		
箱盖凸缘厚度	b_1	$1.5\delta_1$		
机座底凸缘厚度	b_2	2.5δ		
地脚螺栓直径	d_f	$0.036a+12$	$0.018(d_{1m}+d_{2m})+1\geqslant12$ 或 $0.015(d_1+d_2)+1\geqslant12$	$0.036a+12$
地脚螺栓数目	n	$a\leqslant250$ 时，$n=4$ $a>250\sim500$ 时，$n=6$ $a>500$ 时，$n=8$	$n=\dfrac{\text{机座底凸缘周长之半}}{(200\sim300)}\geqslant4$	4

续表

名　称	符号	减速器形式及尺寸关系/mm		
		齿轮减速器	圆锥齿轮减速器	蜗杆减速器
轴承旁连接螺栓直径		$0.75d_f$		
箱盖与机座连接螺栓直径	d_2	$(0.5\sim0.6)d_f$		
连接螺栓 d_2 的间距	l	$150\sim200$		
轴承端盖螺钉直径	d_3	$(0.4\sim0.5)d_f$		
窥视孔盖螺钉直径	d_4	$(0.3\sim0.4)d_f$		
定位销直径	d	$(0.7\sim0.8)d_2$		
d_f、d_1、d_2 至外箱壁距离	c_1	见表 4-2		
d_f、d_2 至凸缘边缘距离	c_2	见表 4-2		
轴承旁凸台半径	R_1	c_2		
凸台高度	h	根据低速级轴承座外径确定，以便于扳手操作为准		
外箱壁至轴承座端面距离	l_1	$c_1+c_2+(8\sim12)$		
大齿轮顶圆（蜗轮外圆）与箱体内壁面距离	Δ_1	$>1.2\delta$		
齿轮（圆锥齿轮或蜗轮轮毂）端面与箱体内壁面距离	Δ_2	$>\delta$		
机盖、机座肋厚	m_1、m	$m_1\approx0.85\theta$，$m\approx0.85\delta$		
轴承端盖外径	D_2	轴承孔直径＋$(5\sim5.5)d_3$；对嵌入式端盖 $D_2=1.2D+10$，D 为轴承外径		
轴承端盖凸缘厚度	t	$(1\sim1.2)d_3$		
轴承旁连接螺栓距离	s	尽量靠近，以 Md_1 和 Md_3 互不干涉为准，一般取 $s=D_2$		

注：多级传动时，a 取低速级中心距。对圆锥—圆柱齿轮减速器，按圆柱齿轮传动中心距取值。

表 4-2　c_1、c_2 值　　　　　　　　　　　　　　　　　　/mm

螺栓直径	M8	M10	M12	M16	M20	M24	M30
c_{1min}	13	16	18	22	26	34	40
c_{2min}	11	14	16	20	24	28	3
沉头座直径	20	24	26	32	40	48	60

4.2　轴系部件

轴系部件包括传动件、轴、轴承等。

减速器箱内传动件有圆柱齿轮、圆锥齿轮、蜗杆、蜗轮等，箱外传动件有带轮、链轮、开式齿轮等。减速器通常根据箱内传动件的种类命名。

减速器中支承传动件的轴大多采用阶梯轴，传动件与轴一般采用平键连接进行周向固定。

轴由轴承支承。因滚动轴承已标准化，选用方便，摩擦小，润滑、维护方便，故在减速器中多选用滚动轴承。轴系的设计详见第 3 章 3.3。

4.3　附件

为了使减速器具备较完善的性能，如注油、排油、通气、吊运、检查油面高度、检查传动件啮合情况、保证加工精度和装拆方便等，在减速器箱体上常需设置某些装置或零件，将这些装置和零件及箱体上相应的局部结构统称为减速器附属装置或简称为附件。它们包括：视孔与视孔盖、通气器、油标、放油螺塞、定位销、起盖螺钉、吊运装置、油杯等。减速器附件的设计属于装配图设计第三阶段，详见第 5 章 5.4.2。

第5章 减速器装配图的设计

装配图是反映各零件间的相互位置、尺寸及结构形状的图纸。它是绘制零件图，进行部件装配、调试及维护的技术依据，因此设计通常是从画装配图开始。由于设计过程比较复杂，必须综合考虑工作要求、材料、强度、刚度、磨损、加工、装拆、调整、润滑和维护等多方面因素，常常需要边绘图、边计算、边修改。因此为了获取最合理的结构和表达最规范的图纸，初次设计时，应先绘制草图。一般先用细线绘制装配草图（或在方格图纸上绘制草图），经过设计过程中的不断修改，待全部完成并经检查、审查后再重新绘制正式装配图。

5.1 装配图设计的准备阶段

在画装配草图之前，应通过拆装相关的减速器、翻阅有关资料、看录像等，了解减速器各零部件的功能、类型、结构以及相互之间的关系等。此外，还要检查和汇总已确定的传动方案及有关零部件的结构和主要尺寸，具体内容有：

① 电动机型号、电动机输出轴的轴径、轴伸长度、中心高。
② 各传动零件的主要参数，如中心距、分度圆直径、齿顶圆直径以及轮齿的宽度。
③ 联轴器的型号、孔径范围、孔宽和装拆尺寸要求。
④ 滚动轴承的型号及润滑方式。
⑤ 箱体的结构方案（剖分式或整体式）及所推荐箱体结构的有关尺寸。
⑥ 轴承端盖的结构形式。

草图比例应与正式图的比例相同，优先选用 1:1 的比例尺。进行图面布置时，要估计减速器的轮廓尺寸，全面考虑视图个数、尺寸标注、标题栏、明细表、技术要求等所需的图面位置。图 5-1 给出的图面布置一般形式仅供参考。

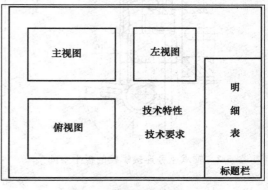

图 5-1 装配图的布置

5.2 装配图设计的第一阶段

本阶段主要是通过进行轴系的结构设计，最终确定轴承的型号和位置，找出轴承支点和轴系上力的作用点，从而完成对轴和轴承进行强度和寿命的验算。

画图时由箱内的传动件画起，由内向外画，内外兼顾，以确定轮廓为主，对细部结构可先不画。三视图中以一个视图为主，兼顾几个视图。通常齿轮减速器以俯视图为主，兼顾主视图；蜗杆减速器常选主视图为主，兼顾俯视图或左视图。其步骤如下。

（1）确定各传动件的轮廓及其相对位置

首先根据箱体内传动件中心距画出中心线，再根据直径和齿宽画出各传动件的轮廓位置。为保证全齿宽接触，通常使小齿轮宽度略大于大齿轮宽5～10mm。中间轴上两传动件端面的间距 $\Delta_4 \geqslant 8 \sim 12$mm。

（2）确定箱体内壁位置

箱体内壁与传动件间应留有一定的间距，如大齿轮的齿顶圆至箱体内壁间应留有间隙 Δ_1，齿轮端面至箱体内壁间应留有间隙 Δ_2（Δ_1、Δ_2 的值见表4-1）。高速级小齿轮齿顶圆处的箱体内壁线涉及到箱体结构，暂可不画，留到画主视图时再画。

（3）确定轴承座孔外端面位置

轴承座孔外端面的位置由箱体的结构确定。当采用剖分式箱体时，轴承座的宽度 L 由减速器箱盖、箱座连接螺栓的大小确定，即由考虑螺栓扳手空间后的 c_1 和 c_2 确定，如图5-2所示。一般要求轴承座的宽度 $L \geqslant \delta + c_1 + c_2 + (5 \sim 8)$mm，其中 δ 为箱体壁厚，c_1 和 c_2 可由表4-2查出，轴承座端面凸出箱体外表面的距离为5～10mm，以便于进行轴承座端面的加工。两轴承座端面间的距离应进行圆整。

（4）确定轴承在轴承座孔中的位置

轴承在轴承座孔中的位置与轴承润滑方式有关。当箱体内采用润滑油润滑时，轴承外圈端面至机体内壁的距离 $\Delta_3 = 3 \sim 5$mm，如图5-3（a）所示；当采用润滑脂润滑时，因要留出挡油板的位置，则 $\Delta_3 = 10 \sim 15$mm，如图5-3（b）所示。

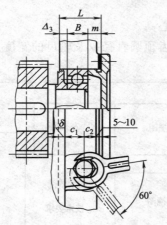

图 5-2　轴承座旁连接螺栓的扳手空间

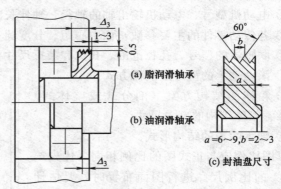

(a) 脂润滑轴承

(b) 油润滑轴承

(c) 封油盘尺寸

$a = 6 \sim 9, b = 2 \sim 3$

图 5-3　轴承在箱体中的位置

图 5-4 及图 5-5 所示分别为这一阶段所绘制的一级和二级圆柱齿轮减速器的装配草图。

为了提高蜗杆轴的刚度，其支承距离应尽量减小，因此蜗杆轴承座体常伸到箱体内。内伸轴承座的外径一般与轴承盖凸缘外径 D_2 相同，并使轴承座内伸端部与蜗轮外圆之间保持距离 Δ_1。为使轴承座尽量内伸，可将轴承座内伸端制成斜面。通常取蜗杆减速器箱体宽度等于蜗杆轴承座外径，即 $B_2 \approx D_2$，由此画出箱体宽度方向的外壁和内壁。如图5-6所示为这一阶段蜗杆减速器的装配草图。

圆锥齿轮减速器装配草图的设计与绘制的步骤和方法与圆柱齿轮减速器基本相同，下面仅就其设计过程中的不同之处和设计要点进行说明和提示。

一级圆锥齿轮减速器的俯视图绘制顺序见图5-7，有关结构尺寸可根据图5-7（c）及表4-1。二级圆锥圆柱齿轮减速器的设计（图5-8），其锥齿轮部分设计要求与图5-7相同，低速级圆柱齿轮部分可参考低速级设计过程，应注意：

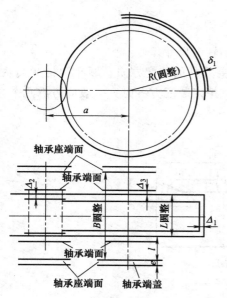

图 5-4　一级圆柱齿轮减速器
装配草图（第一阶段①）

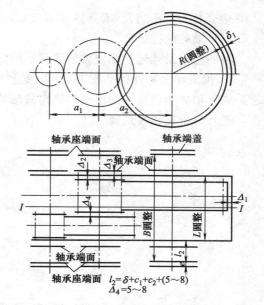

图 5-5　二级圆柱齿轮减速器
装配草图（第一阶段①）

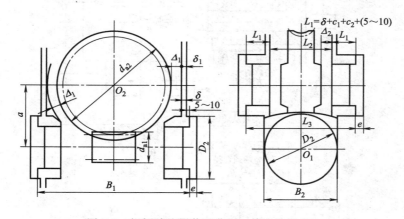

图 5-6　蜗杆减速器装配草图（第一阶段①）

① 在初绘草图时，确定箱体内壁与圆锥大齿轮轮毂端面距离 Δ_2 时，应先估算轮毂宽度 L_1，初取 $L_1=(1.6\sim1.8)b$（b 为齿宽）。

② 圆锥齿轮减速器多以小圆锥齿轮中心线作为对称线。小圆锥齿轮大多做成悬臂结构，两轴承支点距离为 B_1，为了保证刚度，B_1 不宜太小（见图 5-7），一般取 $B_1=(2.5\sim3.0)d_2$，d_2 为轴颈直径，$C_1=0.5B_1$。

③ 小圆锥齿轮轴上如安装角接触球轴承或圆锥滚子轴承时，轴承有两种方案［如图 5-9（a）、（b）所示］。两种方案轴的刚度不同［图（b）的刚度大，但定位复杂］，轴承的固定方法也不同。

④ 为了保证传动精度，装配时两锥齿轮锥顶必须重合，为此，需要调整大小圆锥齿轮的轴向位置。小圆锥齿轮通常放在套杯内（见图 5-10），用套杯凸缘端面与轴承座外端面之间的一组垫片来调节小圆锥齿轮的轴向位置。此外，利用套杯结构也便于固定轴承（如图

5-10 中套杯右端凸肩）。套杯厚度可取 8～10mm。

（5）轴的结构设计

轴的结构设计包括确定轴的形状、轴的径向尺寸和轴向尺寸。

① 拟定轴上零件的装配方案　就是预定出轴上主要零件的装配方向、顺序和相互关系。它是进行轴的结构设计的前提，决定着轴的基本形式。拟定装配方案时，一般应考虑几个方案，进行分析比较与选择。

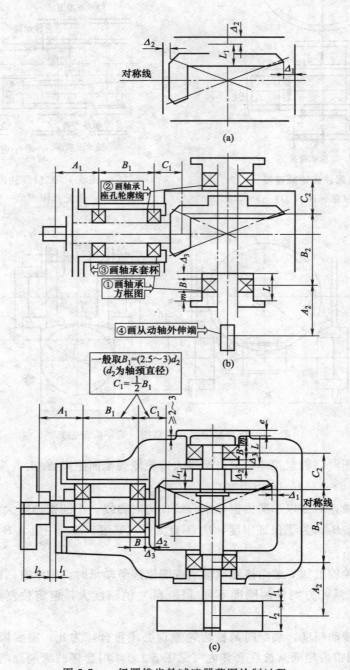

图 5-7　一级圆锥齿轮减速器草图绘制过程

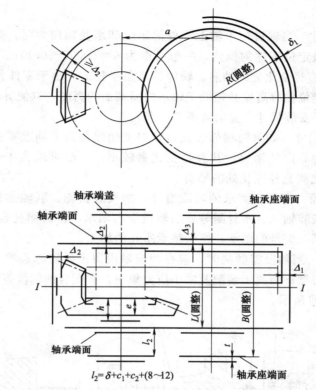

图 5-8　二级圆锥圆柱齿轮减速器草图绘制过程

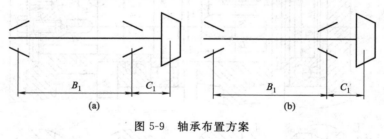

图 5-9　轴承布置方案

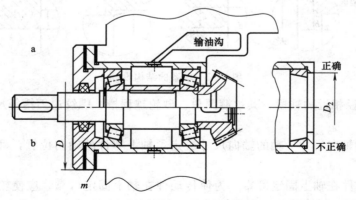

图 5-10　小圆锥齿轮轴系结构

② 确定轴的径向尺寸　确定轴的径向尺寸时，应考虑轴上零件的定位、固定、拆装、调整以及加工工艺性的要求，通常设计成阶梯状结构，如图 5-11 所示。其径向尺寸的变化

应考虑以下因素。

a. 定位轴肩的尺寸 当轴肩用于轴上零件的定位和承受轴向力时，为定位轴肩。定位轴肩的高度 h 应大于被定位零件的倒角，一般可取为 $h=(0.07\sim0.1)d$。如图 5-11 中直径 d_3 和 d_4、d_7 和 d_8 的直径变化处的轴肩。轴肩的圆角半径 r 应小于零件孔的倒角 C 或圆角半径 r'。滚动轴承的定位轴肩高度必须低于轴承内圈端面的高度，以便拆卸轴承，轴肩高度可查轴承标准中的有关安装尺寸（见第 8 章 8.4 节）。

b. 非定位轴肩的尺寸 如果两相邻轴段直径的变化仅是为了轴上零件装拆方便或区分加工表面，此处轴肩为非定位轴肩。其直径变化量较小，一般可取为 1～2mm。如图 5-11 中直径 d_5、d_6 和 d_7 之间直径变化处的轴肩。

c. 有配合处的轴径 有配合要求的轴段直径，如安装齿轮、联轴器处的轴径，应尽量取标准直径系列值。安装轴承、密封圈等处的轴径应与轴承、密封圈孔径的标准尺寸一致。同一轴上要尽量选择同一型号的轴承，便于轴承座孔的加工。

d. 加工工艺要求 当轴段需磨削时，应在相应轴段留出砂轮越程槽；当轴段需切制螺纹时，应留出螺纹退刀槽；为便于装配及减小应力集中，有配合的轴段直径变化处常做成引导锥，如图 5-11 中的Ⅲ所示。

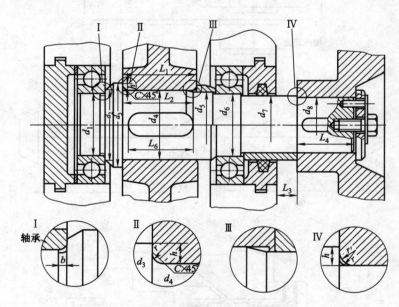

图 5-11 轴系的结构设计

应注意，直径相近的轴段，其过渡圆角、砂轮越程槽、螺纹退刀槽等尺寸应一致，以便于加工。

③ 确定轴的轴向尺寸 轴的轴向尺寸决定了轴上零件的轴向位置，确定轴向尺寸时应考虑以下几点。

a. 保证传动件在轴上固定可靠 为使传动件在轴上固定可靠，应使轮毂的宽度大于与之配合轴段的长度，以使其他零件顶住轮毂，而不是顶在轴肩上，如图 5-12（a）所示。一般取轮毂宽度与轴段长度之差 $\Delta=1\sim2\text{mm}$。图 5-12（b）所示为错误结构，当制造有误差时，这种结构不能保证零件的轴向固定及定位。

b. 轴上键槽的尺寸和位置 当周向连接用平键时，键应较配合长度稍短，并应布置在偏向传动件装入一侧以便于装配如图 5-13 所示。当轴上有多个键时，若轴径相差不大，各键可取相同的剖面尺寸；同时轴上各键槽应布置在轴的同一母线上，以便于轴上键槽的加工。

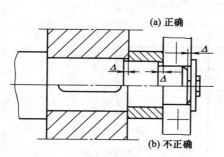

(a) 正确

(b) 不正确

图 5-12　轴段长度与零件定位要求

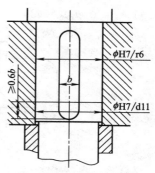

图 5-13　轴段配合长度

c. 轴承的位置应适当　见 5.2 节 (4)。

d. 轴的外伸段长度与箱外零件及轴承端盖结构有关　轴承端盖至箱外传动件间的距离 L 应大于 15～20mm。若轴外伸段安装弹性套柱销联轴器，则要求有足够的装配尺寸 A，以保证弹性套柱销的安装空间，如图 5-14 (a) 所示。若联轴器或传动零件不拆而需要拆卸凸缘式轴承端盖上的连接螺栓时，则 L 的长度必须保证连接螺栓能从机盖内退出，如图 5-14 (b) 所示；若联轴器或传动零件的轮毂不影响拆卸螺栓或采用嵌入式端盖时，则 L 的长度可取小些。

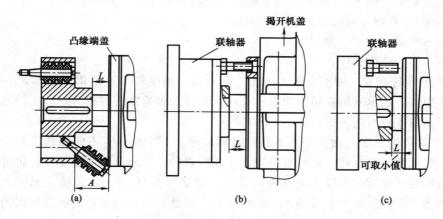

图 5-14　轴上外装零件与端盖间距离

轴的结构设计是课程设计的关键环节，也是设计难度最大，工作量较多的一部分。具体设计方法可按教材的有关内容进行。下面以典型的单级直齿圆柱齿轮减速器的低速轴结构设计为例，说明轴的结构设计一般处理的方法、步骤。

【例 5-1】　设计图 5-15 所示单级直齿圆柱齿轮减速器的低速轴，已知该轴的功率为 $P = 4kW$，转速 $n_1 = 70r/min$，大齿轮宽度 $b = 70mm$，单向转动，轴的材料无特殊要求。

解　第一步：选择轴的材料。因轴的材料无特殊要求，故选用 45 钢，正火处理。

第二步：初估轴的最小直径 d_{min}。

a. 由式 (3-2)，查有关表 45 钢：$A = 103～126$，可得

$$d_{\min} \geqslant A \sqrt[3]{\frac{P}{n}} = (103 \sim 126) \times \sqrt[3]{\frac{4}{70}} = 39.67 \sim 48.53 \text{ (mm)}$$

考虑该轴段上有一个键槽，故应将直径增大 5%，即

$$d_{\min} = (39.67 \sim 48.53) \times (1+0.05) = 42 \sim 51 \text{ (mm)}$$

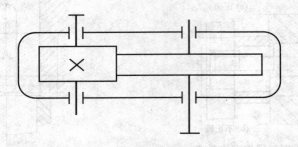

图 5-15　单级直齿圆柱齿轮减速器

b. 选择联轴器：根据传动装置的工作条件，拟选用 LX3 型弹性柱销联轴器（表 8-53）。
联轴器所传递的名义转矩

$$T = 9550 \frac{P}{n} = 9550 \times \frac{4}{960} = 39.8 \text{ (N} \cdot \text{m)}$$

查教材相关表格得工作机为带式运输机时，$K = 1.25 \sim 1.5$，本例题取 $K = 1.5$。
计算转矩

$$T_c = KT = 1.5 \times 39.8 = 59.7 \text{ (N} \cdot \text{m)}$$

LX3 型联轴器中的 HL4 型联轴器能满足传递转矩的要求（$T_n = 1250 \text{N} \cdot \text{m} > T_c$，$[n] = 4750 \text{r/min} > n$），其轴孔直径 $d = 40 \sim 55 \text{mm}$。

c. 确定轴的最小直径　取 $d_{\min} = 45 \text{mm}$。

第三步：轴的结构设计。

a. 轴上的零件布置　轴上安装有齿轮、联轴器、两个轴承。因单级传动，一般将齿轮安装在箱体中间，轴承安装在箱体的轴承孔内，相对于齿轮左右对称为好。联轴器根据其作用只能布置在箱体外面的一端。

b. 零件的装拆顺序　轴上零件不同的装拆顺序，要求轴具有不同的结构形式，轴的各段直径按安装顺序依次变化，后段直径应大于前段直径。本题目的主要零件齿轮可以从左端装拆，也可从右端装拆，现取齿轮从左端装入，即如图 5-16 所示，齿轮、套筒、轴承、轴承盖、联轴器等零件从轴的左端装入，这样安装的好处是保证安装齿轮和联轴器的两轴段在同一加工方向加工，便于保证加工的同轴度；右端的轴承从右端装入。这样就形成：$d_联 < d_肩 < d_承 < d_轮 < d_环 > d_肩 > d_承$，两端安装轴承处的直径相等，形成两头细中间粗的阶梯形轴，既符合等强度的要求，又便于零件的装拆。

c. 轴上零件的定位和固定　设计轴的结构时要考虑零件在轴上位置的固定，轴上零件的固定包括周向固定和轴向固定。本题目中联轴器和齿轮的周向固定均采用键连接，具体尺寸可根据轴的直径查手册，这里暂不给出键的详细尺寸。

轴向固定是为了防止零件沿轴线方向窜动。为了达到这个目的，就需要在轴上设计某些装置，如轴肩、套筒、挡圈等。低速轴的结构如图 5-16 所示，各轴段设计的具体方法如下。

图 5-16 中轴段①安装联轴器，周向固定用键。

轴段②大于轴段①形成轴肩，用来定位联轴器。

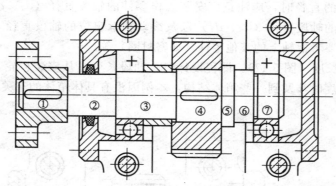

图 5-16　低速轴的结构设计

　　轴段③大于轴段②，是为了安装轴承方便。

　　轴段④大于轴段③，是为了安装齿轮方便；轴段③也可再分为两部分，这是考虑便于加工，因前一部分安装轴承，需要磨削加工，而后一部分只安装一个套筒，不需要很高的加工精度，将来在零件图上可在分开的地方划一细线，表示精度不同，也可在安装轴承宽度处开一越程槽。齿轮在轴段④上用键周向固定。

　　轴段⑤大于轴段④形成轴环，用来定位齿轮。

　　轴段⑦直径应和轴段③直径相同。

　　轴段⑥大于轴段⑦形成轴肩，用来定位轴承；轴段⑥大于轴段⑦的部分取决于轴承标准。轴段⑤与轴段⑥处的直径变化没有什么直接的影响，只是一般的轴身连接。

　　本题目中：①～②、④～⑤、⑥～⑦三处的轴肩用来定位，属于定位轴肩。②～③、③～④两处的轴肩不是用来定位的，只是为了安装零件方便，属于非定位轴肩。⑤～⑥处的轴肩仅是一般连接上造成的直径差值，没有什么用处。

　　d. 确定轴的各段尺寸

　　（a）各轴段的直径（图 5-16）。

　　轴段①的直径已由前面计算确定为 $d_1 = 45\text{mm}$。

　　轴段②的直径 d_2 应在 d_1 的基础上加上 2 倍的轴肩高度，这里的轴肩为定位轴肩，可取 $h = (0.07 \sim 0.1)d$。这里取 $h_{12} = 4.5\text{mm}$，即 $d_2 = d_1 + 2h_{12} = 45\text{mm} + 2 \times 4.5\text{mm} = 54\text{mm}$，考虑该轴段安装密封圈，故直径 d_2 还应符合密封圈的标准，取 $d_2 = 55\text{mm}$。

　　轴段③的直径 d_3 应在 d_2 的基础上增加 2 倍的轴肩高度，此处为非定位轴肩，一般情况下，非定位轴肩可取 $h = 1 \sim 2\text{mm}$。因该轴段要安装滚动轴承，故其直径要与滚动轴承内径相符合。滚动轴承内径在 20～495mm 范围内均为 5 的倍数，即 20、25、30、35 等，这里取 $d_3 = 60\text{mm}$。同一根轴上的两个轴承，在一般情况下应取同一型号，故安装滚动轴承处的直径应相同，即 $d_3 = d_7 = 60\text{mm}$。

　　轴段④上安装齿轮，轴段④大于轴段③只是为了安装齿轮方便，不是定位轴肩，应按非定位轴肩计算，取 $h_{34} = 1.5\text{mm}$，则 $d_4 = d_3 + 2h_{34} = 60 + 2 \times 1.5\text{mm} = 63\text{mm}$。

　　轴段⑤的直径 $d_5 = d_4 + 2h_{45}$，h_{45} 是定位轴环的高度，取 $h_{45} = (0.07 \sim 0.1)d_4 = 6\text{mm}$。即 $d_5 = 63 + 2 \times 6 = 75\text{mm}$。

　　轴段⑥的直径 d_6 应根据所用的轴承类型及型号查轴承标准取得，预选该轴段用 6312 轴承（深沟球轴承，轴承数据见表 8-40），查得 $d_6 = 72\text{mm}$。

在确定各轴段的直径时，应注意：安装工作零件的轴段直径（d_1、d_4）尽量取标准直径系列；安装轴承的轴段直径（d_3、d_7）以及滚动轴承定位的轴段直径（d_6）应符合滚动轴承规范，同时还要考虑轴上的其他零件（如密封圈）等。

（b）各轴段的长度（图 5-17）。课程设计时，轴段长度是从安装齿轮部分的轴段开始确定，在确定轴的长度时涉及到一些箱体结构，本例因没有具体箱体的有关数据，有些尺寸在这里只能假设。

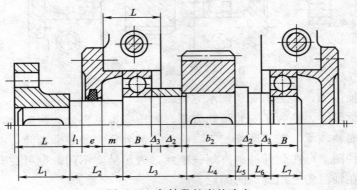

图 5-17　各轴段长度的确定

轴段④因安装有齿轮，故该轴段的长度 L_4 与齿轮宽度有关，为了使套筒能顶紧齿轮轮廓，应使 L_4 略小于齿轮轮毂的宽度，一般情况下 $b_{齿轮}-L_4=2\sim3$mm，$b_{齿轮}=70$mm，取 $L_4=68$mm。

轴段③的长度包括三部分，再加上小于齿轮轮毂宽的数值（$b_{齿轮}-L_4=70$mm-68mm$=2$mm），即 $L_3=B+\Delta_2+\Delta_3+2$mm。$B$ 为滚动轴承的宽度，查表可知 6312 轴承的 $B=31$mm；Δ_2 为齿轮端面至箱体内壁的距离，通常可取 $\Delta_2=10\sim15$mm；Δ_3 为滚动轴承内端面至减速器内壁的距离，轴承的润滑方式不同，Δ_3 的取值也不同，这里选润滑方式为油润滑，参照图 5-3（b），可取 $\Delta_3=3\sim5$mm，本例取 $\Delta_2=15$mm，$\Delta_3=5$mm，$L_3=B+\Delta_2+\Delta_3+2mm=31mm+15mm+5mm+2mm=53$mm；$\Delta_3$ 处图示结构是油润滑情况，如改用脂润滑，这里的套筒应改为挡油环，如图 5-3（a），Δ_3 的取值将会有变化。

轴段②的长度应包括三部分：$L_2=l_1+e+m$，其中 l_1 部分为联轴器的内端面至轴承端盖的距离，通常可取 $15\sim20$mm；e 部分为轴承端盖的厚度，查表 5-1，$e=1.2d_3=1.2\times10$mm$=12$mm（d_3 为轴承端盖螺钉直径，查表 4-1）；m 部分则为轴承端盖的止口端面至轴承座孔边缘距离，此距离应按轴承盖的结构形式、密封形式及轴承座孔的尺寸来确定，课程设计时这一尺寸要通过作图进行确定，要先确定轴承座孔的宽度，轴承座孔的宽度减去轴承宽度和轴承距箱体内壁的距离 Δ_3 就是这一部分的尺寸。轴承座孔的宽度 $L_{座孔}=\delta+c_1+c_2+(5\sim10)$mm，如图 5-17 所示，$\delta$ 为下箱座壁厚，应查表 4-1，这里取 $\delta=8$mm；c_1、c_2 为轴承座旁连接螺栓到箱体外壁及箱边的尺寸，应根据轴承座旁连接螺栓的直径查表 4-2 得：$c_1=20$mm、$c_2=16$mm（这里假设轴承座旁连接螺栓 $d_1=12$mm）；为加工轴承座孔端面方便，轴承座孔的端面应高于箱体的外表面，一般可取两者的差值为 $5\sim10$mm；故最终得 $L_{座孔}=8$mm$+20$mm$+16$mm$+6$mm$=50$mm。反算 $m=L_{座孔}-\Delta_3-B=50$mm-5mm-31mm$=14$mm，$L_2=l_1+e+m=15$mm$+12$mm$+14$mm$=41$mm。

轴段①安装联轴器，其长度 L_1 与联轴器的长度有关。根据第二步选用 LX3 型弹性柱销联轴器，由表 8-53 查得 $L_{联轴器}=84\text{mm}$，考虑到联轴器的连接和固定的需要，使 L_1 略小于 $L_{联轴器}$，取 $L_1=82\text{mm}$。

轴段⑤长度 L_5 即轴环的宽度 b（一般 $b=1.4h_{45}$），取 $L_5=8\text{mm}$。

轴段⑥长度 L_6 由 Δ_2、Δ_3 的尺寸减去 L_5 来确定，$L_6=\Delta_2+\Delta_3-L_5=15\text{mm}+5\text{mm}-8\text{mm}=12\text{mm}$。

轴段⑦长度 L_7 应等于或略大于滚动轴承的宽度 B，$B=31\text{mm}$，取 $L_7=33\text{mm}$。

轴的总长度等于各轴段的长度之和：

$$L_{总长}=L_1+L_2+L_3+L_4+L_5+L_6+L_7=82\text{mm}+41\text{mm}+$$
$$53\text{mm}+68\text{mm}+8\text{mm}+12\text{mm}+33\text{mm}=297\text{mm}$$

在确定各轴段长度时，应注意：装有传动件的轴段，其长度与所装传动件的宽度（或长度）有关，一定要先确定传动件的宽度（或长度），再确定各轴段的长度。当采用套筒、螺母等做零件的轴向固定时，应使安装传动件轴段（如轴段④）的长度比传动件的宽度（或长度）小 2～3mm，以确保套筒、螺母等能紧靠传动件端面进行轴向固定。当轴的长度与箱体或外围零件有关时（如轴段②），一定要先确定箱体或外围零件的相关尺寸，才能确定出轴的长度。

第四步：校核轴、轴承和键

a. 确定轴上力的作用点及支点跨距　由装配草图确定轴上传动件受力点的位置和轴承支点间的距离。传动件力作用线的位置可取在轮缘宽度中部，滚动轴承支反力作用点可近似认为在轴承宽度的中部。

b. 轴的校核计算　可按相关教材介绍的方法，选定 1～2 个危险截面，按弯扭合成的受力状态对轴进行强度校核。如果强度不够，需修改轴的尺寸。

另外，对蜗杆一般还要进行刚度校核。

c. 滚动轴承的寿命计算　轴承寿命可按减速器的使用寿命或检修期计算，如不满足使用寿命要求，可改选其他宽度系列或直径系列，必要时可改变轴承类型再进行计算。

d. 键连接的强度校核　对键连接主要校核挤压强度。若强度不够，可采取增加键长、改用双键的措施。

根据验算结果，必要时应对装配草图进行修改，见图 5-18～图 5-21。

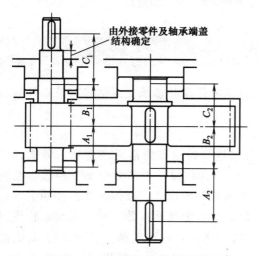

图 5-18　一级圆柱齿轮减速器
装配草图（第一阶段②）

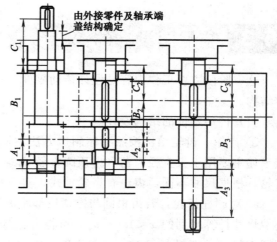

图 5-19　二级圆柱齿轮减速器
装配草图（第一阶段②）

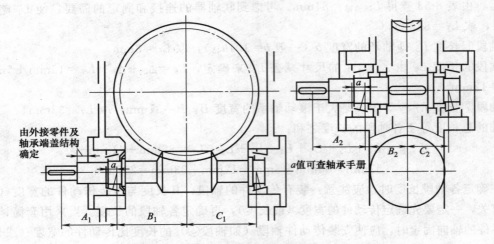

图 5-20 蜗杆减速器装配草图（第一阶段②）

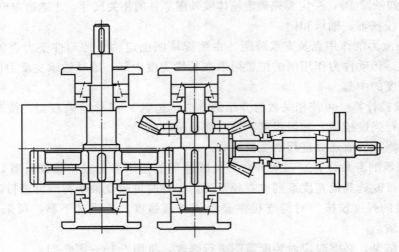

图 5-21 二级圆锥圆柱齿轮减速器装配草图（第一阶段）

5.3 装配图设计的第二阶段

这一阶段主要工作内容是设计传动零件、轴上其他零件及与轴承支点结构有关零件的具体结构。

（1）传动零件的结构设计

① 齿轮 齿轮结构按照毛坯制造方法不同，分锻造、铸造和焊接毛坯齿轮。铸造、焊接毛坯主要用于大直径齿轮（齿顶圆直径 $d_a > 400$mm）。课程设计中多为中小直径锻造毛坯齿轮。根据尺寸不同，齿轮有齿轮轴式、实心式、腹板式和轮辐式，具体选择条件如下。

a. 对圆柱齿轮，若齿根圆与键槽底部距离 $x < 2m_t$（m_t 为端面模数）时，对锥齿轮按照小端尺寸计算得到的 $x < 1.6m$ 时，可将齿轮与轴制成一体式，称齿轮轴。当齿顶圆 d_a 或齿根圆直径 d_f 小于轴径 d 时，必须用滚齿法加工轮齿，如图 5-22（a）；当齿根圆直径 d_f 大于轴径 d 时，可用滚齿或插齿加工，如图 5-22（b）。

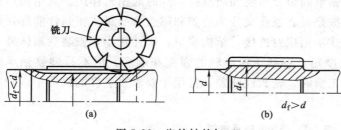

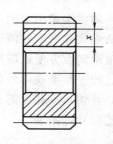

图 5-22　齿轮轴的加工　　　　　　　　　　　　图 5-23　实心式齿轮结构

b. 当圆柱齿轮 $x \geq 2m_t$ 时，锥齿轮按照小端尺寸计算的 $x \geq 1.6m$ 时，齿轮与轴一般分开制造。当 $d_a \leq 160 \text{mm}$ 时，可做成实心结构齿轮，如图 5-23 所示。

c. 当 $150 \sim 200 \text{mm} < d_a < 500 \text{mm}$ 时，常采用腹板式，腹板上可加孔为减轻重量并方便吊运。图 5-24（a）为自由锻毛坯加工后的腹板式齿轮结构，适用于单件和小批量生产；图 5-24（b）为模锻毛坯齿轮，适合批量、大量使用场合。

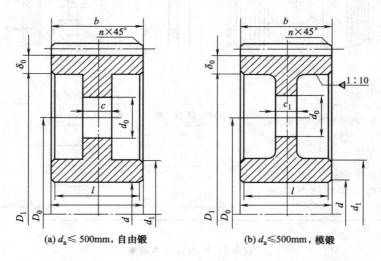

(a) $d_a \leq 500 \text{mm}$，自由锻　　　　　　　　(b) $d_a \leq 500 \text{mm}$，模锻

图 5-24　齿轮结构和尺寸

$$d_1 = 1.6d; l = (1.2 \sim 1.5)d \geq b; c = 0.3b; c_1 = (0.2 \sim 0.3)b; n = 0.5m;$$
$$\delta_0 = (2.5 \sim 4)m \geq 8 \sim 10 \text{mm}; D_0 = 0.5(D_1 + d_1); d_0 = 0.25(D_1 - d_1)$$

d. 当 $400 \text{mm} < d_a < 1000 \text{mm}$ 时，可以采用铸造和焊接的带轮辐结构的齿轮，轮辐断面有各种形状，可参阅有关资料。

齿轮轮毂宽度与直径有关，可大于或等于轮缘宽度。

② 蜗杆　通常蜗杆螺旋部分的直径不大，常做成蜗杆轴。蜗杆螺旋齿的加工可采用车制或铣制两种方法，车制时蜗杆轴上必须有退刀槽，铣制蜗杆轴可获得较大的轴刚度。

③ 蜗轮　为节省有色金属材料，除铸铁蜗轮或直径较小的青铜蜗轮外，多数采用装配式结构，其轮缘为青铜材料制造，轮芯用铸铁制造。在课程设计中常采用齿圈式结构，齿圈与轮芯多采用 H7/r6 配合，并沿配合面圆周加装 4~6 个紧定螺钉，以增强连接的可靠性。为便于钻孔，应将螺纹孔中心线向材料较硬的轮芯部分偏移 2~3mm。

齿轮、蜗杆、蜗轮的详细结构和尺寸关系可参考教材或《机械设计手册》。

（2）轴承端盖结构

　　轴承端盖用于固定轴承，调整轴承间隙及承受轴向载荷，同时起密封作用。其结构形式有凸缘式和嵌入式两种。每种形式按是否有通孔又分为透盖和闷盖。凸缘式密封性能好，调整轴承间隙方便，应用广泛。嵌入式不用螺钉连接，结构简单，尺寸较小，安装后箱体外表面比较平整美观，外伸轴的伸出长度短，有利于提高轴的强度和刚度，但不易调整轴承间隙，且轴承座孔上需开环形槽，加工费时，密封性能差，常用于要求重量轻的机器中。轴承端盖尺寸可按表 5-1、表 5-2 设计。

表 5-1　凸缘式轴承端盖　　　　　　　　　　　　　　　　　　　　/mm

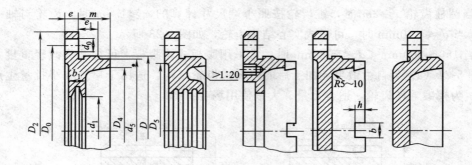

$d_0 = d_3 + 1$；$d_5 = D - (2 \sim 4)$；
$D_0 = D + 2.5d_3$；$D_5 = D_0 - 3d_3$；
$D_2 = D_0 + 2.5d_3$；b_1、d_1 由密封尺寸确定；
$e = (1 \sim 1.2)d_3$；$b = 5 \sim 10$；
$e_1 \geqslant e$；$h = (0.8 \sim 1)b$；
m 由结构确定；$D_4 = D - (10 \sim 15)$；
d_3 为轴承盖连接螺钉直径，尺寸见右表；
当端盖与套杯相配时，图中 D_0 与 D_2 应
与套杯相一致

轴承盖连接螺钉直径 d_3

轴承外径 D/mm	螺钉直径 d_3/mm	螺钉数目
45～65	M8	4
70～100	M10	4～6
110～140	M12	6
150～230	M16	6

注：材料为 HT150。

表 5-2　嵌入式轴承端盖　　　　　　　　　　　　　　　　　　　　/mm

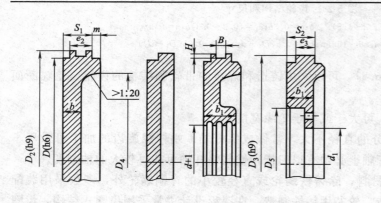

$e_2 = 8 \sim 12$；$S_1 = 15 \sim 20$；
$e_3 = 5 \sim 8$；$S_2 = 10 \sim 15$；
m 由结构确定；
$b = 8 \sim 10$；
$D_3 = D + e_2$，装有 O 形圈的，按 O 形
圈外径取整；
D_5、d_1、b_1 等由密封尺寸确定；
H、B 按 O 形圈的沟槽尺寸确定

注：材料为 HT150。

　　为方便轴承的固定和装拆，调整整个轴系的轴向位置，使在同一轴线上的轴承外径不相等时仍保证轴承座孔的直径相等，便于镗孔及保证加工精度，可采用轴承套杯，其结构尺寸如表 5-3 所示。

表 5-3　套杯

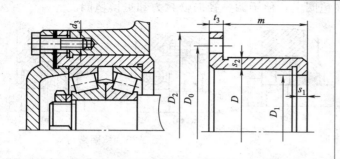

	D 为轴承外径； $s_1 \approx s_2 \approx t_3 = 7 \sim 12$； m 由结构确定； $D_0 = D + 2s_2 + 2.5d_3$； $D_2 = D_0 + 2.5d_3$； D_1 由轴承安装尺寸确定； d_3 为轴承盖连接螺钉直径，其尺寸见表 5-1

注：材料为 HT150。

（3）轴承的润滑与密封

轴承可以采用油润滑或脂润滑，当浸油齿轮圆周速度小于 2m/s 时，难以飞溅形成油雾，或难以将油导入轴承中，宜采用脂润滑，否则宜采用油润滑。

如轴承采用脂润滑时，应在轴承旁加封油盘，以防止润滑油的流失，具体结构尺寸见图 5-3（c）所示。

如轴承采用油润滑可以靠机体油的飞溅直接润滑轴承；或引导飞溅在机体内壁上的油经机体剖分面上的油沟流到轴承进行润滑，这时必须在轴承端盖上开槽，为防止装配时端盖上的槽没有对准油沟将油路堵塞，可将端盖端部直径取小些，使端盖在任何位置时油都可以流入轴承，如图 5-25 所示。

当轴承旁靠近斜齿轮，而且斜齿轮的直径小于轴承外径时，由于斜齿轮有排油作用，由齿轮啮合带起的大量润滑油会冲向轴承，高速中尤其严重，会增加轴承阻力，所以在轴承旁装置挡油板，具体位置如图 5-26 所示，挡油板可由薄钢冲压或钢材车削，也可铸造成形。

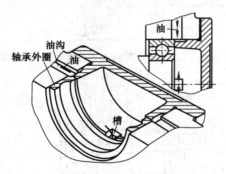

图 5-25　轴承端盖油槽结构

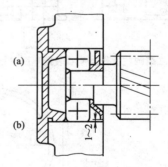

图 5-26　挡油板结构

在输入轴和输出轴的外伸处，轴与轴承端盖孔间有间隙，必须装入密封件，以防止润滑油外泄及其他杂质进入机体内。

密封装置可以分为接触式密封和非接触式密封。接触式密封中橡胶油封效果较好，应用广泛，当密封件装配方向不同时，密封效果也有差别。当以防漏油为主时，油封的唇边对着箱内［图 5-27（a）］；当以防外界灰尘、杂质为主时，唇边对着箱外［图 5-27（b）］；当两油封相背放置时［图 5-27（c）］，防漏防尘能力都好。橡胶油封有两种结构，一种是油封内带金属骨架，与孔配合安装，不需要再轴向固定；另一种是没有金属骨架，这时需要轴向固定装置。毡封油圈密封效果较差，但其结构简单、价格低廉，对脂润滑也能可靠工作。如图 5-28（a）所示，毡圈的剖面为矩形，工作时将毡圈嵌入剖面为梯形的环形槽中并压紧在轴上，以获得密封效果。如图 5-28（b）所示为用压板压在毡圈上，便于调整径向密封力和更换毡圈。

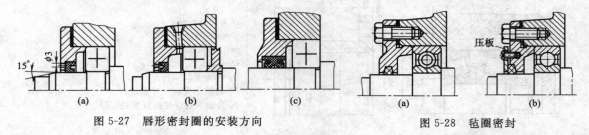

图 5-27　唇形密封圈的安装方向　　　　　图 5-28　毡圈密封

密封形式的选择，主要是根据密封处轴表面的圆周速度、润滑剂的种类、工作温度、周围环境等决定的。各种密封适用的参考圆周速度见表 5-4。

表 5-4　密封形式的选择

密封形式	适用圆周速度/(m/s)	密封形式	适用圆周速度/(m/s)
粗羊毛毡封油圈	<3	橡胶油封	<8
半粗羊毛毡封油圈	<5	迷宫	<10

图 5-29、图 5-30、图 5-31 是这一阶段所画装配图的具体内容。

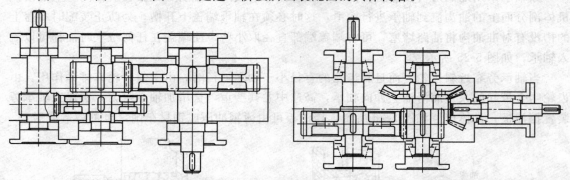

图 5-29　二级圆柱齿轮减速器装配草图（第二阶段）　图 5-30　二级圆锥圆柱齿轮减速器装配草图（第二阶段）

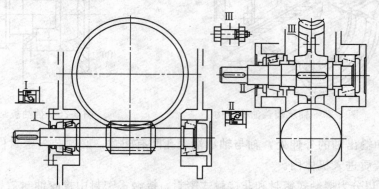

图 5-31　蜗杆减速器装配草图（第二阶段）

5.4　装配图设计的第三阶段

这一阶段的主要内容是设计减速器的箱体和附件，并进行必要的验算（如热平衡计算）。

5.4.1　减速器箱体的设计

减速箱箱体是减速器结构和受力最复杂的零件，是用于支持和固定轴系零件并保证传动件啮合精度和良好润滑及轴系可靠密封的重要零件，其重量约占减速器总重的 30％～50％。设计箱体结构都是在满足强度、刚度的前提下，同时考虑结构紧凑、制造方便及使用方面的因素作经验设计。

箱体可采用剖分式或整体式结构。整体式箱体优点是提高了孔的加工精度，减少了零件数量，但装配较复杂。剖分式箱体应用广泛，多采用水平剖分式，剖分面与轴线平面重合，将箱体分为箱盖与箱座两部分。

箱体多采用灰铸铁制造，材料常用 HT150 或 HT200，由于灰铸铁具有铸造性好、易于切削加工、承压强度高和减振性好等优点。对于大型减速器，为了提高箱体的强度，有时用铸钢，常用 ZG200-450。铸造箱体工艺复杂，制造周期长，重量大，适合批量生产。对于单件、小批量的大型减速器，可选用焊接箱体。焊接箱体比铸造箱体轻 $1/4$～$1/2$，生产周期短，不需要制作模具和翻砂浇铸，可降低成本。

在绘制箱体时，应在三个视图上同时进行，按先箱体后附件、先主体后局部、先轮廓后细节的顺序进行，具体步骤如下。

（1）轴承座旁连接螺栓凸台的设计

上下轴承座通过螺栓连接，座孔两侧连接螺栓应尽量靠近，以不与端盖螺钉孔干涉为原则，一般取 $S＝D_2$（图 5-32），D_2 为轴承盖外径；用嵌入式轴承盖时，D_2 为轴承座凸缘的外径。为了提高轴承座处的连接刚度，轴承座孔两侧应做出凸台，凸台高度可根据轴承旁连接螺栓直径 d_1 确定所需的扳手空间 c_1 和 c_2 值，用作图法确定凸台高度 h。当机体同一侧面有多个大小不等的轴承座时，除了保证扳手空间 c_1 和 c_2 外，轴承座旁凸台高度应尽量取相同的高度，以使轴承旁连接螺栓的长度一样。考虑铸造拔模，凸台侧面的斜度一般取1：20。画凸台结构，应在三个视图上同时进行，其投影关系如图，

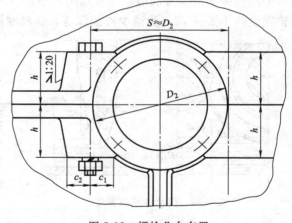

图 5-32　螺栓凸台布置

当凸台位置在箱体凸缘外侧时，凸台可以画成图 5-33 所示结构。

（2）确定箱座高度及润滑油深度

对于大多数减速器，传动件圆周速度 $v<12\text{m/s}$，故选择浸油润滑方式（当 $v\geqslant12\text{m/s}$ 选择喷油润滑方式）。箱座应具有一定的高度以存储润滑油，油深既要避免搅油损失过大，又要保证润滑充分。对于单级传动，每传递 1kW 需油量 $V_0＝0.35～0.7\text{L}$；对于多级传动，按级数成比例增加，如不满足，应适当增加机座高度，以保证油池容积。一般规定大齿轮齿顶到油池底面的距离 H_2 应大于 30～50mm，如图 5-34，由图确定的箱座高度应圆整为整数。

传动件的浸油深度 H_1（图 5-34），对于高速级大圆柱齿轮浸油深度一般为 0.7 个齿高，但不应小于10mm，对于大圆锥齿轮应为整个齿宽（至少半个齿宽）浸入油中。为避免搅油

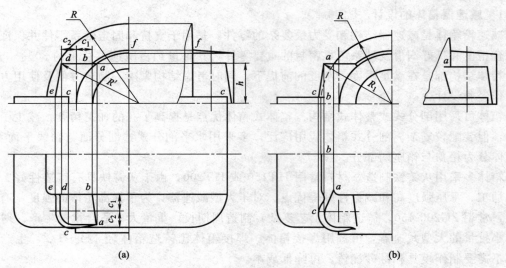

图 5-33　螺栓凸台

损失过大，低速级当 $v = 0.8 \sim 12 \text{m/s}$ 时，大齿轮浸油深度为一个齿高（不小于 10mm）至 1/6 齿轮半径；当 $v = 0.5 \sim 0.8 \text{m/s}$ 时，浸油深度取 1/6～1/3 齿轮半径。当高速级齿轮与低速级大齿轮直径相差很大时，为降低低速级大齿轮的浸油深度以便减少搅油损失，高速级齿轮可采用溅油润滑装置润滑，也可以用带油轮（图 5-35）。带油轮常用塑料做成，宽度约为齿轮宽度的 1/3～1/2，为减少浸油深度，其浸油深度不应大于 10mm。

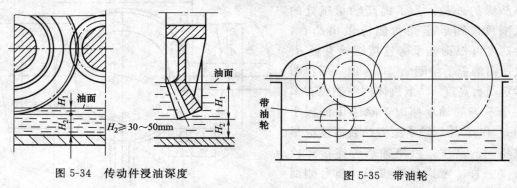

图 5-34　传动件浸油深度　　　　　　图 5-35　带油轮

上置式蜗杆传动，蜗轮浸油深度与低速级圆柱齿轮浸油深度相同；下置式蜗杆传动，蜗杆浸油深度≥1 个螺牙高，一般不超过轴承最低滚动体中心，但当油面高度受到限制使蜗杆常接触不到油面时，可以在蜗杆轴上装溅油盘（图 5-36）。

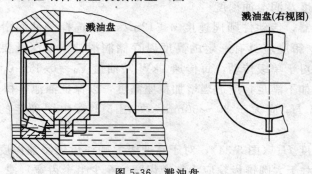

图 5-36　溅油盘

下置蜗杆的圆周速度 $v > 2\text{m/s}$，但蜗杆位置低，且与蜗轮轴在空间成垂直方向布置，飞溅的油难以到达蜗轮轴承，若轴承需要利用机体内的油进行润滑，轴承可采用刮板润滑，如图 5-37（a）所示，当蜗轮转动时，利用装在箱体内的刮油板，将轮缘侧面上的油刮下，油沿输油沟流向轴承；或如图 5-37（b）所示，将刮下的油直接导入轴承。

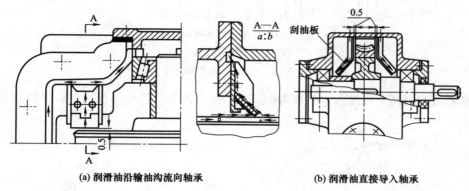

(a) 润滑油沿输油沟流向轴承　　　　　(b) 润滑油直接导入轴承

图 5-37　刮油板

由于蜗杆减速器工作时发热量较大，其箱体的大小应考虑散热面积的需要，并要进行热平衡计算。若不能满足热平衡要求，则应适当增大箱体的尺寸（增加中心高）或增设散热片。如仍不能满足要求，还可考虑采取在蜗杆轴端设置风扇如图 5-38 所示，或在油池中设置蛇形冷却水管等强迫冷却措施。

散热片一般垂直于箱体外壁布置，如图 5-38（a）所示，散热片结构尺寸可参照图 5-38（b）所示。当蜗杆端安装风扇时，应注意使散热片布置与空气的流动方向一致。

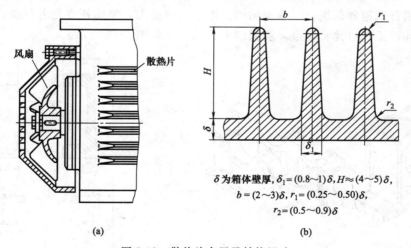

δ 为箱体壁厚，$\delta_1 = (0.8 \sim 1)\delta$，$H \approx (4 \sim 5)\delta$，
$b = (2 \sim 3)\delta$，$r_1 = (0.25 \sim 0.50)\delta$，
$r_2 = (0.5 \sim 0.9)\delta$

(a)　　　　　　　　　(b)

图 5-38　散热片布置及结构尺寸

（3）考虑轴承润滑及减速器密封

当轴承利用机体内的油润滑时，可在剖分面连接凸缘上做出输出油沟，使飞溅的润滑油沿机盖的缺口进入轴承，采用不同加工方法的油沟形式如图 5-39 所示。

为了保证机盖与机座连接处密封，连接凸缘应有足够的宽度，连接表面应精刨，其表面粗糙度不应大于 $6.3\mu\text{m}$。密封要求高的表面要经过刮研。为了提高密封性，机座凸缘也会铣出回油沟，使深入凸缘连接缝隙中的油重新流回机体内部，如图 5-40 所示。另外，凸缘

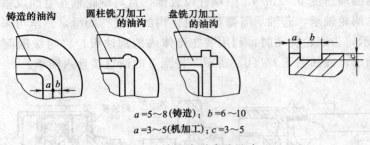

$a=5\sim8$(铸造)；$b=6\sim10$
$a=3\sim5$(机加工)；$c=3\sim5$

图 5-39　输油沟形式及尺寸

连接螺栓之间的距离不宜过大，一般为 $150\sim200$mm，并尽量均匀布置，以保证剖分面处的密封。

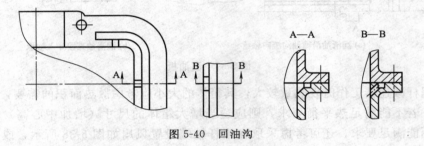

图 5-40　回油沟

（4）考虑轴承座及箱座刚度

为保证轴承座的刚度，可在轴承座与箱座或箱盖结合的适当部位设置加强肋。箱体的加强肋有外肋（参见图 4-1）和内肋（图 5-41）两种结构形式。当轴承座伸到箱体内部时常采用内肋，如蜗杆减速器的蜗杆轴承座结构。内肋的刚度大，箱体外表光滑美观，但内肋阻碍润滑油的流动，工艺也比较复杂。肋板的形状和尺寸如图 5-42 所示。

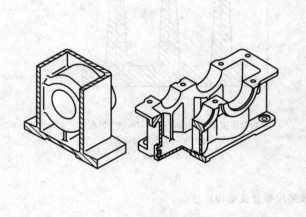

图 5-41　加强肋

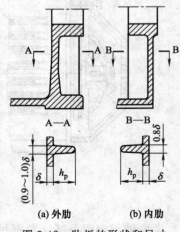

（a）外肋　　　（b）内肋

图 5-42　肋板的形状和尺寸

为了保证箱座的刚度，箱盖和机座的连接凸缘应取厚些（见表 4-1）。箱体底座上凸缘的宽度 B 应超过机体内壁，图 5-43（b）所示是不好的结构。

目前，为了提高箱体的刚性，方形外廓减速器箱体结构形式日益得到广泛应用。如图 5-44 所示，这种结构采用内肋，增强了轴承座的刚度，连接结构采用便于拆装的双头螺柱或螺钉（如内六角螺钉），箱座不用底凸缘，而是将底座下部四角凹进一些以放置地脚螺栓，使箱体结构更加紧凑，造型也更为美观。

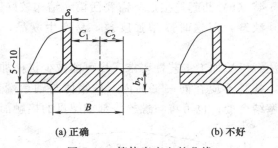

(a) 正确　　　　　　　　　(b) 不好

图 5-43　箱体底座上的凸缘

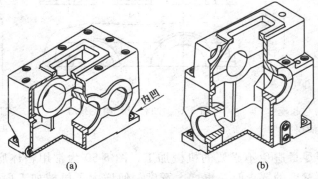

(a)　　　　　　　　　　(b)

图 5-44　方形外廓减速器箱体

（5）考虑箱体良好的工艺性

箱体结构工艺性对箱体制造质量、成本、检修维护等有直接影响，因此设计时也应重视。

① 铸造工艺性　在设计铸造箱体时，应尽量壁厚均匀，过渡平缓，金属无局部积聚，起模容易等。

为保证液态金属流动顺畅，铸件壁厚不可过薄。

为避免缩孔或应力裂纹，薄壁厚之间应采用平缓的过渡结构。

为避免金属积聚，两壁之间不宜采用锐角连接，图 5-45（a）为正确结构，（b）为不正确结构。

设计铸件应考虑起模方便。为便于起模，铸件沿起模方向应有 (1：10)～(1：20) 的斜

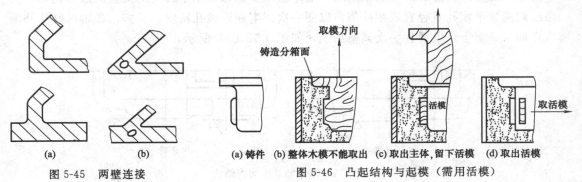

(a)　　　　　　(b)　　　　　　(a) 铸件 (b) 整体木模不能取出 (c) 取出主体,留下活模 (d) 取出活模

图 5-45　两壁连接　　　　　图 5-46　凸起结构与起模（需用活模）

度。铸造箱体沿起模方向有凸起结构时，需要在模型上设置活块（图 5-46），使造型复杂，故应尽量减少凸块结构。当有多个凸起部分时，应尽量将其连成一体，以便起模。图 5-47（a）结构需要活模，图 5-47（b）凸起连接后不需要活模，结构较好。

铸件应尽量避免出现狭缝，因这时砂型强度差，易产生废品。图中 5-48（b）为正确结构。

在设计箱体时，要注意机械加工工艺性要求，尽可能减少机械加工面积，加工面和非加工面必须严格区分开等，并且不应在同一平面内，如箱体与轴承端盖的结合面（图 5-49），窥视孔盖、油标和放油塞结合处；也可将与螺栓头部或螺母的接触面锪出沉头座坑。

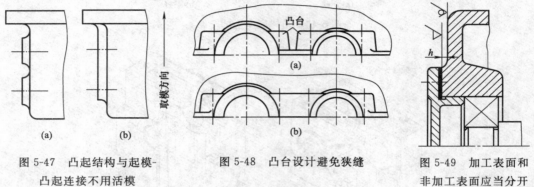

图 5-47 凸起结构与起模-凸起连接不用活模　　图 5-48 凸台设计避免狭缝　　图 5-49 加工表面和非加工表面应当分开

箱体结构设计要尽量避免不必要的机械加工，图 5-50 为常用箱体底座结构。支承地脚宽度已满足对支承面宽度的要求时，再增大宽度，便增大了机械加工面积。图 5-50（a）底面全部进行机械加工是不合理的，中小型箱座多采用图 5-50（b）结构，大型箱座则采用图 5-50（c）结构形式。

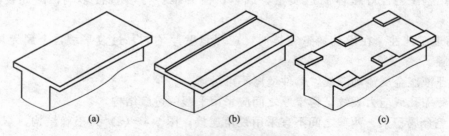

图 5-50　箱体底座结构

为了保证加工精度和缩短加工时间，应尽量减少机械加工中刀具的调整次数。例如，同一轴线的两轴承座孔直径宜取相同值，以便一次镗削保证镗孔精度；又如，各轴承座孔外端面应在同一平面上，可通过一次调整加工，如图 5-51（b）所示。

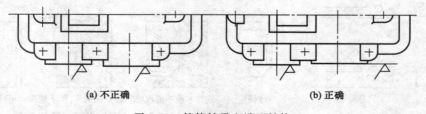

图 5-51　箱体轴承座端面结构

5.4.2　减速箱附件设计

为了保证减速器的正常工作，在减速器箱体上常需设置某些装置或零件，以便于减速器的注油、排油、通气、吊运、检查油面高度、检查传动件啮合情况、保证加工精度和装拆方便等。将这些装置和零件及箱体上相应的局部结构统称为减速器附属装置，简称为附件。减速器上常设置以下附件。

（1）窥视孔盖和窥视孔

减速器顶部要开窥视孔，用于检查传动件的啮合情况，如检查接触斑点和齿侧间隙，并可通过窥视孔向箱内注入润滑油。窥视孔平时用窥视孔盖封住，盖板底部垫有纸质封油垫片以防止漏油。

窥视孔及孔盖应设在箱盖顶部能够看到啮合区的位置，其大小以手能深入箱体进行检查操作为宜（见图 5-52）。窥视孔和孔盖的连接处应设计凸台，以便于加工。窥视孔盖可用螺钉紧固在凸台上。通常窥视孔盖可用轧制钢板或铸铁制成。如图 5-53（a）所示为轧制钢板制窥视孔盖，其结构简单轻便，上下面无需加工，无论单件或成批生产均常采用；如图 5-53（b）所示为铸铁制窥视孔盖，需制木模，且有较多部位需进行机械加工，故应用较少。

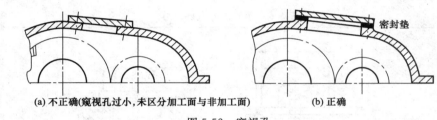

(a) 不正确(窥视孔过小，未区分加工面与非加工面)　　(b) 正确

图 5-52　窥视孔

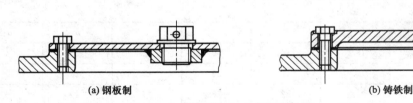

(a) 钢板制　　　　　　　　　　(b) 铸铁制

图 5-53　窥视孔盖

窥视孔和窥视孔盖尺寸如表 5-5 所示，也可自行设计。

（2）通气器

减速箱运转时，会因摩擦发热而导致箱内温度升高、气体膨胀、压力增大。为使膨胀气体能自由排出，以保持箱体内外压力平衡，防止润滑油沿箱体缝隙渗漏出来，常在窥视孔盖或箱盖上设置通气器。

表 5-6 中所示的通气器为简易式，其通气孔不直接通向顶端，以免灰尘落入，所以用于较清洁的场合。表 5-7 中的通气器则带有过滤网。当减速器停止工作后，过滤网可阻止灰尘随空气进入箱内。

（3）起吊装置

为便于拆卸和搬运减速器，应在箱体上设置起吊装置。常见的起吊装置有吊环螺钉、吊耳、吊耳环和吊钩。

表 5-5　窥视孔盖的尺寸　　　　　　　　　　　　　/mm

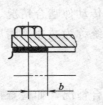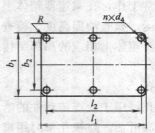

减速器中心距 a	检查孔尺寸				检查孔盖尺寸					
	b	L	b_1	l_1	b_2	l_2	R	孔径 d_4	孔数 n
100～150	50～60	90～110	80～90	120～140				7	4
150～250	60～75	110～130	90～105	140～160	$(b+b_1)/2$	$(L+l_1)/2$	5	7	6
250～400	75～110	130～180	105～140	160～210				7	6

注：1. 二级减速器 a 按总中心距并取偏大值。
2. 检查孔盖用钢板制作时，厚度取 6mm，材料 Q235。
3. b 为检查孔宽度，L 为检查孔长度。

表 5-6　简易式通气器尺寸　　　　　　　　　　　　/mm

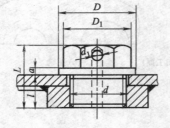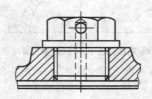

d	D	D_1	S	L	l	a	d_1
M12×1.25	18	16.5	14	19	10	2	4
M16×1.5	22	19.6	17	23	12	2	5
M20×1.5	30	25.4	22	28	15	4	6
M22×1.5	32	25.4	22	29	15	4	7
M27×1.5	38	31.2	27	34	18	4	8

　　吊环螺钉用于起吊箱体，为标准件，按起吊重量选用，其尺寸如表 5-8 所示。

　　吊耳、吊耳环用于起吊箱盖，直接在箱盖上铸出，不需要在箱盖上进行机械加工，但其铸造工艺较复杂。

　　吊钩用于吊运整台减速器，直接在箱座两端的凸缘下铸出。

　　吊耳、吊耳环及吊钩的尺寸如表 5-9 所示。

　　（4）起盖螺钉

　　为防止润滑油从箱体剖分面处外漏，常在箱盖和箱座的剖分面上涂上水玻璃或密封胶，在拆卸时不易分开。为此，常在箱盖或箱座上设置 1～2 起盖螺钉（图 5-54），其位置宜与连接螺栓共线，以便钻孔。起盖螺钉直径与箱体凸缘连接螺栓直径相同，螺纹长度大于箱盖凸缘厚度；螺钉端部制成圆柱形或半圆柱形，以避免损伤剖分面或端部螺钉。

表 5-7　过滤网式通气器尺寸　　　　　　　　　　　　　　　　　　/mm

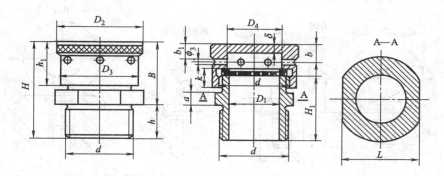

d	D_1	B	H	h	D_2	H_1	a	δ	k	b	h_1	b_1	D_3	D_4	L	孔数
M27×1.5	15	≈30	≈45	15	36	32	6	4	10	8	22	6	32	18	32	6
M36×2	20	≈40	≈60	20	48	42	8	4	12	11	29	8	42	24	41	6
M48×3	30	45	70	25	62	52	10	5	15	13	32	10	56	36	45	8

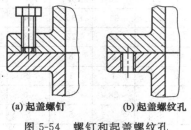

(a) 起盖螺钉　　　(b) 起盖螺纹孔

图 5-54　螺钉和起盖螺纹孔

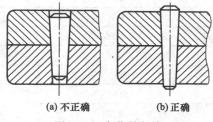

(a) 不正确　　　　(b) 正确

图 5-55　定位销长度

（5）定位销

定位销用于保证轴承孔的镗孔精度，并保证减速器每次拆装后轴承座的上、下两半孔的位置精度。定位销的距离应较远，且尽量对角布置，以提高定位精度。

定位销有圆柱销和圆锥销两种。圆锥销可多次装置而不影响定位精度。一般定位销直径取 $d=(0.7\sim0.8)d_2$（d_2 为箱体凸缘连接螺栓直径），其长度应大于箱体上下凸缘的总厚度（图 5-55）。

（6）油标

油标用于指示减速器内的油面高度，以保证箱体内有适当的油量。油标常放置在便于观测减速器油面及油面稳定处。

常见的油标有圆形油标、管状油标、长形油标、油标尺等多种形式。其中，带螺纹的油标尺（表 5-10）结构简单，在减速器中应用较多。用油标尺时，应使机座油尺座孔的倾斜位置便于加工和使用。油标上有两条刻线，分别表示最高油面和最低油面的位置。检查油面高度时拔出油标尺，以尺上油痕判断油面高度。若需在不停车的情况下随时检查油面的高度，可选带隔离套的油标尺，以免油搅动而影响检查结果。

圆形油标、管状油标、长形油标都为可直接观察式，可随时观察油面高度，可在箱体较低无法安装油标尺或减速器较高容易观察时采用，其尺寸均有国标可查（表 5-11～表5-13），可方便选用，常用于较为重要的减速器中。

表 5-8 吊环螺钉

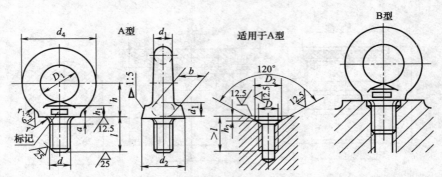

标记示例 螺纹规格 $d＝M20$，材料为 20 钢，经正火处理，不经表面处理的 A 型吊环螺钉：螺钉 GB/T 825—1988 M20

螺纹规格 d		M8	M10	M12	M16	M20	M24	M30
d_1 最大		9.1	11.1	13.1	15.2	17.4	21.4	25.7
D_1 公称		20	24	28	34	40	48	56
d_2 最大		21.1	25.1	29.1	35.2	41.4	49.4	57.7
h_1 最大		7	9	11	13	15.1	19.1	23.2
h		18	22	26	31	36	44	53
d_4 参考		36	44	52	62	72	88	104
r_1		4	4	6	6	8	12	15
r 最小		1	1	1	1	1	2	2
l 公称		16	20	22	28	35	40	45
a 最大		2.5	3	3.5	4	5	6	7
b		10	12	14	16	19	24	28
D_2 公称最小		13	15	17	22	28	32	38
h_2 公称最小		2.5	3	3.5	4.5	5	7	8
最大起吊重量 /kN	单螺钉起吊	1.6	2.5	4	6.3	10	16	25
	双螺钉起吊	0.8	1.25	2	3.2	5	8	12.5

减速器重量 W(kN)与中心距 a 的关系(供参考)(软齿面减速器)

一级圆柱齿轮减速器					二级圆柱齿轮减速器				
a	100	160	200	250	315	a	100×140	140×200	180×250	200×280	250×355
W	0.26	1.05	2.1	4	8	W	1	2.6	4.8	6.8	12.5

注：1. 螺钉采用 20 钢或 25 钢制造，螺纹公差为 8g。
　　2. 表中 M8～M30 均为商品规格。

表 5-9 吊耳、吊耳环及吊钩

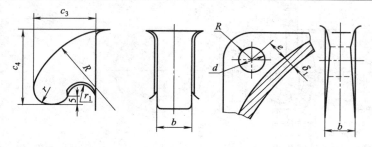

(a) 吊耳(起吊箱盖用)

$c_3 = (4 \sim 5)\delta_1$；
$c_4 = (1.3 \sim 1.5)c_3$；
$b = 2\delta_1$；
$R = c_4$；
$r_1 = 0.225c_3$；
$r = 0.275c_3$；
δ_1 为箱盖壁厚

(b) 吊耳环(起吊箱盖用)

$d = (1.8 \sim 2.5)\delta_1$；
$R = (1 \sim 1.2)d$；
$e = (0.8 \sim 1)d$；
$b = 2\delta_1$

(c) 吊钩(起吊整机用)

$B = c_1 + c_2$；
$H \approx 0.8B$；
$h \approx 0.5H$；
$r \approx 0.25B$；
$b = 2\delta$；
δ 为箱座壁厚；
c_1、c_2 为扳手空间尺寸

表 5-10 油标尺 /mm

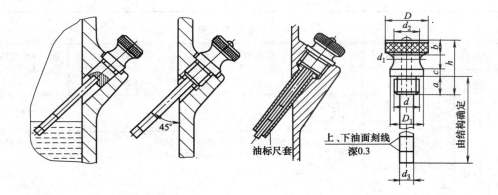

d	d_1	d_2	d_3	h	a	b	c	D	D_1
M12	4	12	6	28	10	6	4	20	16
M16	4	16	6	35	12	8	5	26	22
M20	6	20	8	42	15	10	6	32	26

（7）放油孔及螺塞

　　为了将污油排放干净，应在油池最低位置处设置放油孔（图 5-56）。放油孔应避免与其他零件靠近，以便放油。放油孔用螺塞及封油垫圈密封，因此油孔处的机体外壁应凸起一块，经机械加工成为螺塞头部的支承面。螺塞有细牙螺纹圆柱螺塞和圆锥螺塞两种，圆锥螺塞能形成密封连接，不需要附加密封。

　　螺塞直径约为箱座壁厚的 2～3 倍，具体尺寸见表 5-14。

　　图 5-57～图 5-60 为这一阶段完成的装配图情况。

表 5-11　圆形油标尺　　　　　　　　　　　　　　　　　　　　/mm

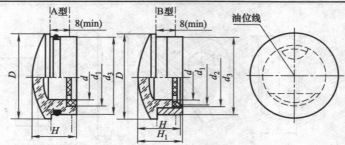

标记示例　视孔 $d=32$mm，A 型压配式圆形油标的标记为：油标 A32 JB/T 7941.1—1995

d	D	d_1		d_2		d_3		H	H_1	O 形橡胶密封圈（按 GB/T 3452.1—2005）
		基本尺寸	极限偏差	基本尺寸	极限偏差	基本尺寸	极限偏差			
12	22	12	−0.050 −0.160	17	−0.050 −0.160	20	−0.065 −0.195	14	16	15×2.65
16	27	18		22	−0.065 −0.195	25				20×2.65
20	34	22	−0.065 −0.195	28		32		16	18	25×3.55
25	40	28		34	−0.080 −0.240	38	−0.080 −0.240			31.5×3.55
32	48	35	−0.080 −0.240	41		45		18	20	38.7×3.55
40	58	45		51		55				48.7×3.55
50	70	55	−0.100 −0.290	61	−0.100 −0.290	65	−0.100 −0.290	22	24	—
63	85	70		76		80				

表 5-12　管状油标尺　　　　　　　　　　　　　　　　　　　　/mm

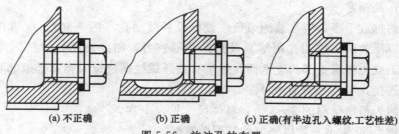

H	O 形橡胶密封圈（按 GB/T 3452.1—2005）	六角薄螺母（按 GB/T 6172—2000）	弹性垫圈（按 GB/T 861.1—1987）
80,100,125,160,200	11.8×2.65	M12	12

标记示例　$H=200$，A 型管状油标的标记为：
油标　A200　JB/T 7941.4—1995

注：B 型管状油标尺寸见 JB/T 7941.4—1995。

(a) 不正确　　　　(b) 正确　　　　(c) 正确(有半边孔入螺纹,工艺性差)
图 5-56　放油孔的布置

表 5-13　长形油标尺 /mm

H		H_1	L	n
基本尺寸	极限偏差			（条数）
80	±0.17	40	110	2
100		60	130	3
125	±0.20	80	155	4
160		120	190	6

O 形橡胶密封圈 （按 GB/T 3452.1— 2005）	六角螺母 （按 GB/T 6172— 2000）	弹性垫圈 （按 GB/T 861.1— 1987）
10×2.65	M10	10

标记示例　　H＝80,A 型长形油标的标记为：
油标　A80　JB/T 7941.3—1995

注：B 型长形油标尺寸见 JB/T 7943.1—1995。

表 5-14　外六角螺塞、封油垫圈 /mm

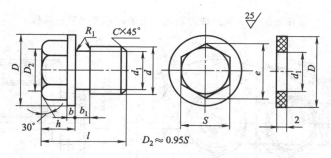

标记示例　螺塞　M20×1.5　JB/ZQ 4450—1997

d	d_1	D	e	S		L	h	b	b_1	C	可用减速器的中心距
				基本尺寸	极限偏差						
M14×1.5	11.8	23	20.8	18	0 −0.28	25	12	3	3	1.0	单级 a＝100
M18×1.5	15.8	28	24.2	21		27	15				单级 a≤300 两级 a_Σ≤425 三级 a_Σ≤450
M20×1.5	17.8	30	24.2	21		30	15				
M22×1.5	19.8	32	27.7	24		30	15				
M24×2	21	34	31.2	27		32	16	4			
M27×2	24	38	34.6	30		35	17			1.5	单级 a≤450 两级 a_Σ≤750 三级 a_Σ≤950
M30×2	27	42	39.3	34		38	18		4		
M33×2	30	45	41.6	36	0 −0.34	42	20	5			
M42×2	39	56	53.1	46		50	25				

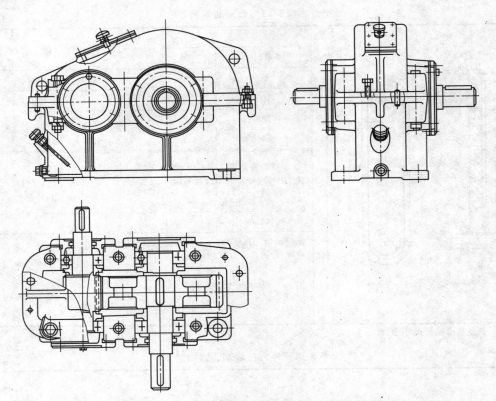

图 5-57　一级圆柱齿轮减速器装配草图（第三阶段）

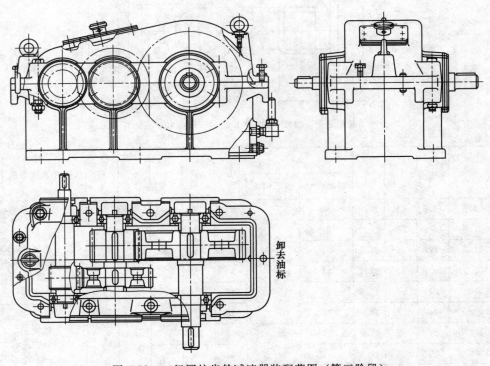

卸去油标

图 5-58　二级圆柱齿轮减速器装配草图（第三阶段）

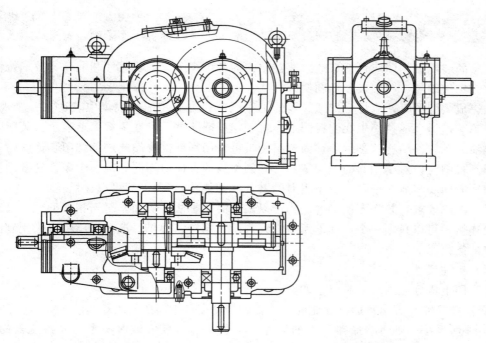

图 5-59　二级圆锥圆柱齿轮减速器装配草图（第三阶段）

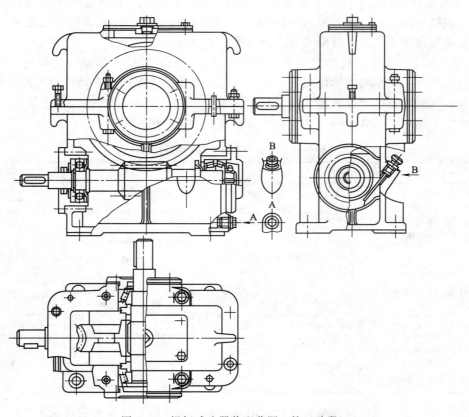

图 5-60　蜗杆减速器装配草图（第三阶段）

5.5 完成减速器装配图

完整的装配工作图应包括表达减速器结构的各个视图、主要尺寸和配合、技术特性和技术要求、零件编号、明细表和标题栏等。

在完成装配图时，应尽量把减速器的工作原理和主要装配关系集中表达在一个视图上。对于齿轮减速器，尽量集中在俯视图上；对于蜗杆减速器，可在主视图上表示。装配图上避免用虚线表示零件结构，必须表达内部结构时可采用局部剖视图或局部视图表达清楚。

画剖视图时，对于相邻的不同零件，其剖面线的方向应不同，但一个零件在各剖视图中的剖面线方向和间隔应一致，对于很薄的零件（如垫片），其剖面可以涂黑。

根据教学要求，装配图的某些结构可以采用简化画法，例如，对于相同型号、尺寸规格的螺栓连接，可以只画一个，其他用中心线表示。螺栓、螺母、滚动轴承可以采用制图标准中规定的简化画法。

（1）标注尺寸

装配图上应标注的尺寸有以下四类。

① 特性尺寸　表明减速器性能的尺寸，如传动零件中心距及其偏差。

② 外形尺寸　表明减速器大小的尺寸，供包装运输及安装时参考。如减速器的总长、总宽、总高。

③ 安装尺寸　表明减速器在安装时，要与基础、机架或外接件联系的尺寸。如箱座底面尺寸（包括底座的长、宽、厚）；地脚螺栓孔中心的定位尺寸；地脚螺栓孔之间的中心距和直径；减速器中心高；外伸轴端的配合长度和直径等。

④ 配合尺寸　主要零件的配合尺寸、配合性质和精度等级。如轴与传动件、轴承、联轴器的配合尺寸，轴承与轴承座孔的配合尺寸等。对于这些零件应选择恰当的配合与精度等级，这与提高减速器的工作性能，改善加工工艺性及降低成本等有密切的关系。表 5-15 列出了减速器主要零件的荐用配合，应根据具体情况进行选用。

表 5-15　减速器主要零件的荐用配合

配合零件		荐用配合	装拆方法
一般齿轮、蜗轮、带轮、联轴器与轴	一般情况	$\dfrac{H7}{r6}$	用压力机
	较少装拆	$\dfrac{H7}{n6}$	用压力机
	小锥齿轮及经常装拆处	$\dfrac{H7}{m6}$、$\dfrac{H7}{k6}$	手锤装拆
滚动轴承内圈与轴	轻负荷（$P \leqslant 0.07C$）	j6、k6	用温差法或压力机
	正常负荷（$0.07C < P \leqslant 0.15C$）	k5、m5、m6、n6	
滚动轴承外圈与箱体轴承座孔		H7、H6	用木锤或徒手装拆
轴承盖与箱体轴承座孔		$\dfrac{H7}{d11}$、$\dfrac{H7}{h8}$、$\dfrac{H7}{f9}$	徒手装拆
轴承套杯与箱体轴承座孔		$\dfrac{H7}{js6}$、$\dfrac{H7}{h6}$	

标注尺寸时应使尺寸排列整齐、标注清晰，多数尺寸应尽量布置在反映主要结构的视图上，并尽量布置在视图的外面。

（2）写出技术特性

应在装配图的适当位置以表格形式列出减速器的技术特性，其具体内容和格式见表 5-16。

表 5-16　技术特性表的格式

输入功率 /kW	输入转速 /(r/min)	效率 η	总传动比 i	传动特性							
				高 速 级				低 速 级			
				m_n	z_2/z_1	β	精度等级	m_n	z_4/z_3	β	精度等级

（3）编写技术要求

装配图上要用文字来说明在视图上无法表达的有关装配、调整、检验、润滑、维护等方面的技术要求。通常包括以下几方面的内容。

① 对零件的要求　装配前所有零件均应清除铁屑并用煤油或汽油清洗，箱体内不许有任何杂物存在，箱体内壁应涂上防侵蚀的涂料。

② 对润滑剂的要求　润滑剂对减少运动副间的摩擦、磨损以及散热、冷却起着重要的作用，同时也有助于减振、防锈。技术要求中应写明所用润滑剂的牌号、油量及更换时间等。

传动件和轴承所用润滑剂的选择方法参见教材。换油时间一般为半年左右。

③ 对安装调整的要求　为保证轴承正常工作，在安装和调整滚动轴承时，必须保证一定的轴向游隙。对可调游隙的轴承（如角接触球轴承和圆锥滚子轴承），其游隙查《机械设计手册》或参阅相关图册。对于不可调游隙的深沟球轴承，则要注明轴承端盖与轴承外圈端面之间留有轴向间隙 Δ，$\Delta=0.25\sim0.4$mm。

④ 对啮合侧隙量和接触斑点的要求　啮合侧隙和接触斑点的要求是根据传动件的精度等级确定的，查出后标注在技术要求中，供装配时检查用。

检查侧隙的方法可用塞尺测量，或用铅丝放进传动件啮合的间隙中，然后测量铅丝变形后的厚度即可。

检查接触斑点的方法是在主动件齿面上涂色，使其转动，观察从动件齿面的着色情况，由此分析接触区的位置及接触面积的大小。

⑤ 对密封的要求　减速器箱体的剖分面、各接触面及密封处均不允许漏油。剖分面允许涂密封胶或水玻璃，不允许使用任何垫片或填料。轴伸处密封应涂上润滑脂。

⑥ 对试验的要求　减速器装配好后应作空载试验和负载试验。空载试验是在额定转速下，正反转各 1h，要求运转平稳、噪声小、连接固定处不得松动。负载试验是在额定转速和额定载荷下运行，要求油池温升不得超过 35℃，轴承温升不得超过 40℃。

⑦ 对外观、包装和运输的要求　外伸轴及其他零件需涂油并应包装严密。减速器在包装箱内应固定牢靠。包装箱外应写明"不可倒置"、"防雨淋"等字样。

（4）零件编号

零件编号有两种方式。一种是不区分标准件和非标准件而统一编号；另一种也可以把标准件和非标准件分开，分别编号。零件编号要完全，不能重复，相同的零件只能有一个零件编号。编号引线不能相交，并尽量不与剖面线平行。独立组件（如滚动轴承、通气器等）可作为一个零件编号。对装配关系清楚的零件组（螺栓、螺母及垫圈）可利用公共引线，如图 5-61 所示。编号应按顺时针或逆时针方向顺次排列整齐，编号的数字高度应比图中所注尺寸数字的高度大一号。

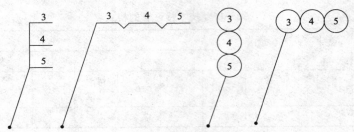

图 5-61　公共引线编号方法

（5）列出零件明细表及标题栏

明细表是减速器装配图中所有零件的详细目录。明细表应紧接在标题栏之上，由下向上填写。每个零件在明细表上都要按序号列出其名称、数量、材料、规格及标准代号等。对独立组件（如滚动轴承，通气器等）可作为一个零件标注。传动件必须写出主要参数，如齿轮的模数 m、齿数 z、螺旋角 β 等，材料应注明牌号。

标题栏布置在图纸的右下角，用来注明减速器的名称、比例、图号、设计者姓名等。

课程设计所用的明细表和装配图标题栏格式如图 5-62、图 5-63 所列。

序号	名称	数量	材料	标准	备注
04	滚动轴承6209	2		GB/T 276—1994	外购
03	螺栓M12×120	6		GB/T 5782—2000	
02	齿轮m=3,z=77	1	45		
01	箱座	1	HT200		
序号	名称	数量	材料	标准	备注

装配图标题栏

图 5-62　明细表格式（本课程用）

（装配图名称）		图号		比例		
		数量			第　张	
		质量			共　张	
设计						
审阅		机械设计课程设计			（校名）	
日期					（班级）	

图 5-63　标题栏格式（本课程用）

完成的减速器装配图见第 9 章图例。

第6章 零件工作图设计

零件工作图是零件制造、检验和制定工艺规程的基本技术文件。它既要反映出设计意图，又要考虑到制造的可能性和合理性。因此零件工作图应包括制造和检验零件所需的全部内容，如图形、尺寸及其公差、表面粗糙度、形位公差、对材料及热处理的说明及其他技术要求、标题栏等。

机械设计课程设计中，零件图的绘制一般以轴类和齿轮类零件为主。

6.1 零件工作图的设计要点

（1）视图及比例尺的选择

每个零件必须单独绘制在一个标准图幅中，合理安排视图，尽量采用1：1比例尺，用各种视图把零件各部分结构形状及尺寸表达清楚。对于细部结构（如环形槽、圆角等）如有必要可用放大的比例尺另行表示。

（2）尺寸及尺寸标注

零件的基本结构及主要尺寸应与装配图一致，不应随意更改。如必须更改，应对装配图作相应的修改。标注尺寸时要选好基准面，标出足够的尺寸而不重复，并且要便于零件的加工制造，应避免在加工时作任何计算。大部分尺寸最好集中标注在最能反映零件特征的视图上。对配合尺寸及要求精确的几何尺寸，应注出尺寸的极限偏差，如配合的孔、机体孔中心距等。

（3）表面粗糙度的标注

零件的所有表面都应注明表面粗糙度的数值，如较多表面具有同样的粗糙度，可在图纸右上角统一标注，并加"其他"字样，但只允许就其中使用最多的一种粗糙度如此标注。粗糙度的选择，可参看有关手册，在不影响正常工作的情况下，尽量取较大的粗糙度数值。

（4）形位公差的标注

零件工作图上要标注必要的形位公差。它是评定零件质量的重要指标之一，其具体数值及标注方法可参考有关手册和图册。

（5）技术要求

此外，还要在零件工作图上提出必要的技术要求，它是在图纸上不便用图形或符号表示，而在制造时又必须保证的要求。

在图纸右下角应画出标题栏，格式如图5-63。

6.2 轴类零件工作图的设计要点

6.2.1 视图

一般只需一个视图，在有键槽和孔的地方，增加必要的剖视图或剖面图。对于不易表达清楚的局部,例如退刀槽、中心孔等,必要时应绘制局部放大图。

6.2.2　标注尺寸

标注径向尺寸时,凡有配合处的直径,都应标出尺寸偏差。

标注轴向尺寸时,首先应选好基准面,并尽量使尺寸的标注反映加工工艺的要求,不允许出现封闭的尺寸链(但必要时可以标注带有括号的参考尺寸)。

轴类零件的表面加工主要在车床上进行,因此,轴向尺寸的标注形式和选定的定位基准面必须与车削加工过程相适应。图6-1所示为轴的轴向尺寸标注示例,它反映了表6-1所示的加工工艺过程。图6-1中,齿轮用弹性挡圈固定其轴向位置,所以轴向尺寸30及25要求

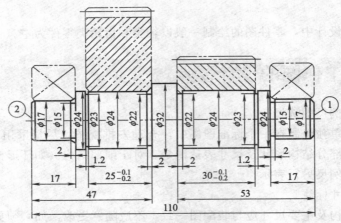

图6-1　轴上零件及轴的尺寸

表6-1　轴的加工过程

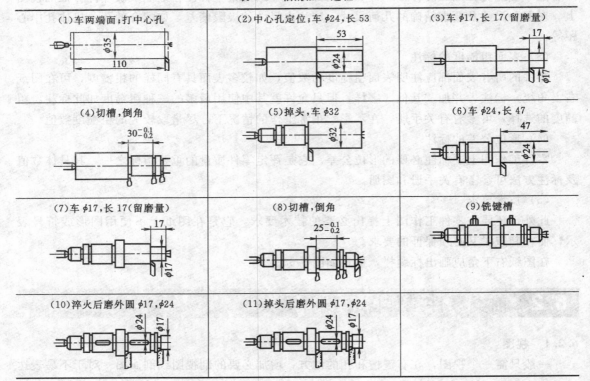

精确，应从基准面一次标出，加工时一次测量，以减少误差。$\phi32$ 轴段长度是次要尺寸，误差大小不影响装配精度，取它作为封闭环，在图中不注尺寸，使加工时的误差积累在该轴段上，避免出现封闭的尺寸链。由于在加工时轴要调头，所以取①为主要基准面，②为辅助基准面。

6.2.3 表面粗糙度

轴的各个表面部要进行加工，应尽量选取数值较大者，以利于加工。其表面粗糙度数值可按表 6-2 推荐的确定，或查阅有关手册。

表 6-2 轴的工作表面粗糙度

加工表面	$R_a/\mu m$	加工表面	$R_a/\mu m$			
				毡圈	橡胶油封	间隙及迷宫
与传动件及联轴器轮毂相配合的表面	3.2～0.8	密封处的表面	与轴接触处的圆周速度/(m/s)			
与/P0 级滚动轴承相配合的表面	1.6～0.8		≤3	>3～5	5～10	3.2～1.6
平键键槽的工作面	3.2～1.6					
与传动件及联轴器轮毂相配合的轴肩表面	6.3～3.2		3.2～1.6	1.6～0.8	0.8～0.4	
与/P0 级滚动轴承相配合的轴肩表面	3.2					
平键键槽底面	6.3					

6.2.4 尺寸公差和形位公差

有配合要求的轴段应根据配合性质标注直径公差，还应根据标准规定标注键槽的尺寸公差，具体数值查阅相关手册。根据传动精度和工作条件等，标注轴的形位公差。图 6-2 为轴的尺寸公差和形位公关标注示例。

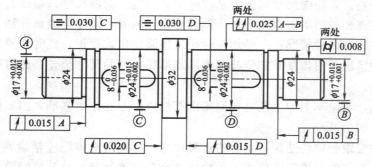

图 6-2 轴的公差标注示例

6.2.5 技术要求

轴类零件图的技术要求包括：

① 对材料的力学性能和化学成分的要求及允许代用的材料等。

② 对材料表面性能的要求，如热处理方法、热处理后的硬度、渗碳层深度及淬火深度等。

③ 对机械加工的要求，如是否保留中心孔（留中心孔时，应在图上画出或按国家标准加以说明），或与其他零件一起配合加上的（如配钻或配铰等），也应说明。

④ 对没有注明的圆角、倒角的说明，个别部位的修饰加工要求，毛坯校直等。

⑤ 对未注公差尺寸的公差等级要求。

表 6-3 列出了在轴上应标注的形位公差项目供设计时参考。

表 6-3 轴上应标注的形位公差项目

内容	项　目	荐用精度等级	对工作性能的影响
形状公差	与传动零件轴孔、轴承孔相配合的圆柱面的圆柱度	7～8	影响传动零件、轴承与轴的配合松紧及对中性
位置公差	与传动零件及轴承相配合的圆柱面对于轴心线的径向全跳动	6～8	影响传动零件与轴的运转偏心
	与齿轮、轴承定位的端面相对于轴心线的端面圆跳动	6～7	影响齿轮和轴承的定位及受载均匀性
	键槽对轴中心线的对称度	8～9	影响键受载的均匀性及装拆的难易

6.3　齿轮类零件工作图的设计要点

齿轮类零件包括齿轮、蜗轮和蜗杆等。这类零件图中除了零件图形和技术要求外还应有啮合特性表。

6.3.1　视图

齿轮类零件一般用两个视图表示；对于组合式的蜗轮结构，则应分别画出齿圈、轮芯的零件图及蜗轮的组装图。齿轮轴和蜗杆的视图与轴类零件图相似。为了表达齿形的有关特征及参数（如蜗杆的轴向齿距等），必要时应画出局部剖面图。

6.3.2　标注尺寸

为了保证齿轮加工的精度和有关参数的测量，标注尺寸时要考虑到基准面并规定基准面的尺寸和形位公差。各径向尺寸以轴为基准标出，齿宽方向的尺寸以端面为基准标出。齿轮类零件的分度圆直径虽然不能直接测量，但它是设计的基本尺寸，应该标注。齿轮的齿顶圆作为测量基准时，有两种情况：一是加工时用齿顶圆定位或找正，此时需要控制齿顶圆的径向跳动；另一种情况是用齿顶圆定位检测齿厚或基圆齿距的尺寸公差，此时要控制齿顶圆的公差和径向跳动。

对于齿轮轴，不论车削加工还是切制轮齿都是以中心孔作为基准，当零件刚度较低或齿轮轴较长时以轴颈为基准。

圆锥齿轮的锥距和锥角是保证啮合的重要尺寸，标注时对锥距应精确到 0.01mm，对锥角应精确到分。为了控制锥顶的位置，还应标注出分度圆锥锥顶至基准端面的距离 L（见图6-3），这一尺寸在轮齿加工调整和组件装配时都要用到。

在加工圆锥齿轮毛坯时，还要控制以下偏差（见图6-3）。

图中　$\Delta\varphi_e$——顶锥角 φ_e 的极限偏差；

　　　$\Delta\varphi_z$——背锥角 φ_z 的极限偏差；

　　　ΔB——齿宽的极限偏差；

　　　ΔD_e——D_e 的极限偏差；

　　　ΔM——大端齿顶到基准端面间距离 M 的极限偏差；

　　　ΔL——基准端面到锥顶间距离的极限偏差。

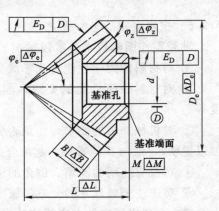

图 6-3　圆锥齿轮尺寸偏差标注示例

上述尺寸偏差影响圆锥齿轮的啮合精度，必须在零件图中标出，具体数值可查相关手册。

蜗轮零件图的尺寸标注与齿轮基本相同，只是轴向增加蜗轮中间平面至蜗轮轮毂基准端面的距离；在直径方面增加蜗轮轮齿的外圆直径。对于装配式蜗轮，还应标注配合部分的尺寸。所有轴、孔的键槽尺寸按规定标注。

6.3.3　表面粗糙度

可参考相关手册或从表 6-4 中选用。

表 6-4　齿轮类零件表面粗糙度

加工表面	$R_a/\mu m$	加工表面		$R_a/\mu m$			
齿顶圆	12.5～3.2	轮齿工作面	类型	传动精度等级			
轴孔	3.2～1.6			6	7	8	9
与轴肩配合的端面	6.3～3.2		圆柱齿轮		3.2～0.8		
轮圈与轮芯的配合面	3.2～1.6		圆锥齿轮	1.6～0.8		3.2～1.6	6.3～3.2
其他加工表面	12.5～6.3		蜗杆及蜗轮		1.6～0.8		
非加工表面	100～50	平键键槽	6.3～3.2(工作面) 12.5(非工作面)				

6.3.4　齿坯形位公差的推荐项目

可参考相关手册或从表 6-5 中选用。

表 6-5　齿轮形位公差推荐项目

内容	代号	项　目	推荐精度等级	对工作性能影响
位置公差	E_D	圆柱齿轮以齿顶圆作为测量基准时齿顶圆的径向圆跳动	按齿轮及蜗轮(蜗杆)的精度等级	影响齿厚的测量精度并在切齿时产生相应的齿圈径向跳动误差。产生传动件的加工中心与使用中心不一致，引起分齿不均。同时会使轴心线与机床垂直导轨不平行而引起齿向误差
		圆锥齿轮的齿顶圆锥的径向圆跳动		
		蜗轮齿顶圆的径向圆跳动 蜗杆齿顶圆的径向圆跳动		
	E_T	基准端面对轴线的端面圆跳动		影响齿面载荷分布及齿轮副间隙的均匀性
		键槽侧面对孔中心线的对称度	8～9	影响键侧面受载的均匀性及装拆难易
形状公差		轴孔的圆柱度	7～8	影响传动零件与轴配合的松紧及对中性

6.3.5　啮合特性表

啮合特性表的内容包括齿轮的主要参数及测量项目。误差检验项目和具体数值，查齿轮公差标准或有关手册。

6.3.6　技术要求

包括下列内容：

① 对铸件、锻件或其他类型坯件的要求。

② 对材料的力学性能和化学成分的要求及允许代用的材料。

③ 对材料表面力学性能的要求，如热处理方法、处理后的硬度、渗碳深度及淬火深度等。

④ 对未注明倒角、圆角半径的说明。

⑤ 对大型或高速齿轮的平衡试验要求。

6.4 铸造箱体工作图的设计要点

6.4.1 视图

箱体是减速器中结构较为复杂的零件。为了清楚地表明各部分的结构和尺寸，通常除采用三个主要视图外，还应根据结构的复杂程度增加一些必要的局部视图、方向视图及局部放大图。

6.4.2 标注尺寸

箱体尺寸繁多，标注尺寸时，既要考虑铸造和机械加工的工艺性、测量和检验的要求，又要做到多而不乱，不重复，不遗漏。为此，标注时应注意以下几点。

① 箱体尺寸可分为形状尺寸和定位尺寸。形状尺寸是机体各部位形状大小的尺寸，如壁厚，各种孔径及其深度，圆角半径，槽的深、宽及机体长、宽、高等。这类尺寸应直接标注，而不应有任何运算。定位尺寸是确定箱体各部位相对于基准的位置尺寸，如孔的中心线、曲线的中心位置及其他有关部位的平面等与基准的距离。定位尺寸都应从基准直接标出。

② 对影响机器工作性能的尺寸应直接标出，以保证加工的精确性，如轴孔中心距。对影响零部件装配性能的尺小也应直接标出，如嵌入式端盖，其在箱体上的沟槽位置尺寸影响轴承的轴向固定，故沟槽外侧两端面间的尺寸应直接标出。

③ 标注尺寸时要考虑铸造工艺特点。箱体大多为铸件，因此标注尺寸要便于木模制作。木模常由许多基本形体拼接而成，在基本形体的定位尺寸标出后，其形状尺寸则以各自的基准标注。

④ 配合尺寸都应标出其偏差。标注尺寸时应避免出现封闭尺寸链。

⑤ 圆角、倒角、拔模斜度等都应进行标注或在技术要求中予以说明。

6.4:3 表面粗糙度

箱体加工表面的表面粗糙度的选择如表 6-6 所示。

表 6-6 箱体加工表面的表面粗糙度的选择

加 工 表 面	表面粗糙度 $R_a/\mu m$	加工表面	表面粗糙度 $R_a/\mu m$
与普通精度等级滚动轴承配合的轴承座孔	3.2~1.6	箱体的分箱面	3.2~1.6
轴承座孔凸缘端面	6.3~3.2	检查孔接合面	12.5~6.3
箱体上泄油孔和油标孔的外表面	12.5~6.3	回油沟表面	25~12.5
螺栓孔、沉头座表面或凸台表面	12.5~6.3	箱体底平面	12.5~6.3

6.4.4 形位公差

在箱体零件工作图中，应注明的形位公差项目如下：

① 轴承座孔表面的圆柱度公差，采用普通精度等级滚动轴承时，选用 7 级或 8 级公差。

② 轴承座孔端面对孔轴心线的垂直度公差，采用凸缘式轴承盖，是为了保证轴承定位准确，选用 7 级或 8 级公差。

③ 在圆柱齿轮传动的箱体零件工作图中，要注明轴承座孔轴线之间的水平方向和垂直方向的平行度公差，以满足传动精度的要求。在蜗杆传动的箱体零件工作图中，要注明轴承座孔轴线之间的垂直度公差（见相关传动精度等级的规范）。

6.4.5 技术要求

箱体零件图的技术要求一般包括以下几个方面。

① 剖分面定位销孔应在机盖与机座用螺栓连接后配钻。

② 机盖与机座的轴承孔在加工时，应先用螺栓将机盖和机座连接好，并装入定位销后镗孔。

③ 对铸件清砂、修饰、表面防护（如涂漆）的要求说明，以及铸件的时效处理。

④ 对铸件质量的要求（如不允许有缩孔、砂眼和渗漏等现象）。

⑤ 对未注明的倒角、圆角和铸造斜度的说明。

⑥ 组装后分箱面处不许有渗漏现象，必要时可涂密封胶等。

⑦ 其他的文字说明等。

第7章 编写设计计算说明书和准备答辩

设计计算说明书既是图纸设计的理论依据又是设计计算的整理和总结，也是审核设计是否合理的技术文件之一，因此编写设计计算说明书是课程设计的重要组成部分。通过编写设计计算说明书，有利于培养学生表达、归纳和总结的能力，为以后的工作打下良好的基础。

7.1 设计计算说明书的内容

设计计算说明书大致包括以下主要内容。

① 目录（标题、页次）。

② 设计任务书（附传动方案简图）。

③ 传动方案的分析。

④ 电动机的选择。

⑤ 传动装置的运动和动力参数计算（包括计算电动机所需功率和转速，分配各级传动比，计算各轴的转速、功率和转矩）。

⑥ 传动零件的设计计算（确定传动件的主要参数和几何尺寸）。

⑦ 轴的设计计算［估算轴径、结构设计和强度（刚度）校核］。

⑧ 滚动轴承的选择和计算。

⑨ 键连接的选择和计算。

⑩ 联轴器的选择。

⑪ 润滑方式、润滑油牌号及密封装置的选择。

⑫ 设计小结（设计体会、设计的优缺点及改进意见等）。

⑬ 参考资料（资料编号、作者、书名、版本、出版地、出版单位、出版年月）。

7.2 编写设计计算说明书的要求与注意事项

设计计算说明书的基本素材来自课程设计前期的设计构思、查阅资料、初步计算、设计草图等。设计计算说明书要求计算正确、论述清楚、文字简练、书写工整。同时还应注意下列事项。

① 使用16开纸书写，要求标出页次，编好目录，做好封面，最后装订成册。封面和说明书用纸如图7-1所示。

② 对计算内容只需写出计算公式，代入有关数据，计算最终结果，标明单位并写出简短的结论或说明，例如"强度足够"、"在允许范围内"等，不需写出计算过程。

③ 对于主要参数、尺寸、规格以及主要的计算结果，在说明书的右侧一栏填写使其醒目（见表7-1说明书书写格式）。

④ 为了清楚说明设计内容，说明书中应附有必要的简图，如传动方案简图、轴的结构简图、受力图、弯矩图、扭矩图等。

⑤ 所引用的重要公式或数据应注明来源、参考资料的编号和页次。

⑥ 全部计算中所使用的参数符号和角标应前后一致，不得混乱，各参量数值应标明单位，且注意单位统一。

⑦ 按照设计的过程编写，对每一自成单元的内容，都应标出大小标题，使其清晰醒目。

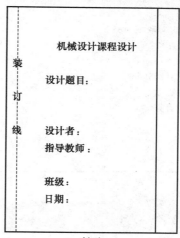

图 7-1　封面和说明书用纸格式

7.3　设计计算说明书的书写格式

设计计算说明书的书写格式如表 7-1 所示。

表 7-1　说明书书写格式

计算及说明	结　果
…… 四、齿轮传动计算 1. 高速级齿轮传动计算 　(1)选择材料及热处理 　小齿轮:40Gr,调质,硬度为 300HB; 　大齿轮:40 钢,调质,硬度为 260HB。 　(2)初选参数 　小齿轮齿数 $z_1=24$ 　大齿轮齿数 $z_2=iz_1=3.3\times24=79.2$,取 $z_2=79$ 　齿轮精度等级选用 7 级 　初选螺旋角 $\beta=14°$ 　(3)齿轮许用应力 $$[\sigma_H]_1\frac{K_{HN_1}\sigma_{\lim_1}}{S}=\cdots=550\mathrm{MPa}$$ 　(4)齿面接触强度计算 $$d_1\geqslant\sqrt[3]{\frac{2KT_1}{\phi_d\varepsilon_\alpha}\times\frac{u+1}{u}\left(\frac{Z_HZ_E}{[\sigma_H]}\right)^2}=\cdots=77.875\mathrm{mm}$$ 　(5)齿根弯曲疲劳强度计算 $$m_n\geqslant\sqrt[3]{\frac{2KT_1Y_\beta\cos^2\beta}{\phi_dz_1^2\varepsilon_\alpha}\times\frac{Y_{Fa}Y_{Sa}}{[\sigma_F]}}=\cdots=2.75\mathrm{mm}$$ 　对比计算结果,由齿面接触强度计算所得的模数大于由齿根弯曲疲劳强度计算所得的模数,因齿轮模数的大小主要取决于弯曲强度所决定的承载能力,而齿面接触强度所决定的承载能力仅与齿轮直径有关,可取由弯曲强度计算所得的模数 $m_n=2.75\mathrm{mm}$,并就近圆整为标准值 $m_n=3\mathrm{mm}$;保留按接触强度算得的分度圆直径 $d_1=77.785$	齿轮计算公式和有关数据皆引自[×] 第××~××页 $[\sigma_H]_1=550\mathrm{MPa}$ $d_1=77.875\mathrm{mm}$ $m_n=2.75\mathrm{mm}$

续表

计算及说明	结　果
（6）几何尺寸计算 计算齿轮齿数 $z_1 = \dfrac{77.785}{3} \approx 26$ $z_2 = 3.3 \times 26 = 85.8$，取 $z_2 = 86$ 计算齿轮分度圆直径 $d_1 = mz_1 = 3 \times 26 = 78\text{mm}$ $d_2 = mz_2 = 3 \times 86 = 258\text{mm}$ …… 2. 低速级齿轮传动计算 …… 五、轴的计算 ……	$z_1 = 26$ $z_1 = 86$ $d_1 = 78\text{mm}$ $d_2 = 258\text{mm}$

7.4　准备答辩

答辩是课程设计的最后一个环节，是检查学生对课程设计内容和设计结果实际掌握情况，评定设计成绩的一个重要方面。另外，通过答辩准备和答辩，还可对设计工作的优缺点进行比较全面的分析，发现今后工作中应注意的问题，巩固分析和解决工程实际问题的能力。

学生完成设计后，应及时做答辩的准备工作。

① 认真整理和检查全部图纸和说明书，进行系统、全面的回顾和总结。搞清从方案分析直至设计方法、设计步骤、计算原理、结构设计、制造工艺、数据的处理和查取、尺寸公差配合的选择与标注、材料和热处理的选择等问题。通过总结和回顾，进一步把设计过程中还不懂或尚未考虑到的问题理清楚、搞明白，以取得更大的收获。

② 叠好图纸，装订好设计计算说明书，一起放在资料袋内准备答辩。在资料袋封面上合适位置标明袋内内容、班级、姓名、学号，图纸的折叠方法及图纸袋封面的写法参见图7-2 及图 7-3。

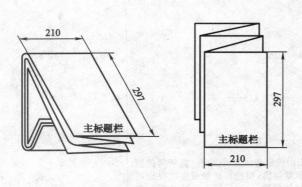

图 7-2　图纸折叠方法

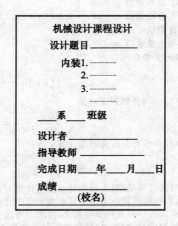

图 7-3　图纸袋封面书写格式

　　课程设计答辩工作由指导教师组织，每个学生单独进行。答辩过程中，教师可根据具体的传动方案、设计图纸和涉及计算说明书，就设计过程中各个环节所涉及到的总体设计、理论计算、参数确定、标准件的选择、结构设计、加工工艺、尺寸标注、润滑密封以及工程制图等多方面的内容进行提问。学生课程设计的成绩由教师根据设计图纸、设计计算说明书以及答辩中回答问题的具体情况，并参考课程设计过程中的日常表现综合评定。

第8章　机械设计常用标准和规范

8.1　一般标准和规范

表 8-1　国内部分标准代号

代　号	名　称	代　号	名　称
GB	国家标准	QB	原轻工行业标准
/Z	指导性技术文件	ZB	原国家专业标准
JB	机械行业标准	GB/T	推荐性国家标准
YB	黑色冶金行业标准	JB/ZQ	机械部重型矿山标准
YS	有色冶金行业标准	Q/ZB	重型机械行业统一标准
HG	化工行业标准	SH	石油化工行业标准
SY	石油天然气行业标准	FZ	纺织行业标准

表 8-2　图纸幅面及图样比例　　　　　　　　　　　　　　　　　/mm

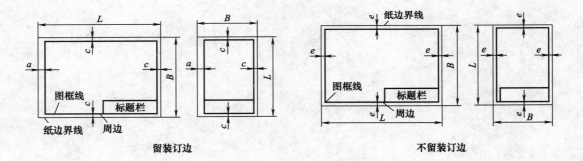

留装订边　　　　　　　　　　　　　　　　　　不留装订边

图纸幅面（GB/T 14689—2008）						图样比例（GB/T 14690—1993）	
基本幅面（第一选择）				加长幅面（第二选择）		原值比例	缩小比例
幅面代号	$B \times L$	a	c	e	幅面代号	$B \times L$	

幅面代号	$B \times L$	a	c	e	幅面代号	$B \times L$	原值比例	缩小比例
A0	841×1189	25	10	20	A3×3	420×891	1∶1	1∶2　1∶2×10^n 1∶5　1∶5×10^n 1∶10　1∶1×10^n
A1	594×841				A3×4	420×1189		必要时允许选取 1∶1.5　1∶1.5×10^n
A2	420×594				A4×3	297×630		1∶2.5　1∶2.5×10^n
A3	297×420		5	10	A4×4	297×841		1∶3　1∶3×10^n 1∶4　1∶4×10^n
A4	210×297				A4×5	297×1051		1∶6　1∶6×10^n

注：1. 加长幅面的图框尺寸，按所选用的基本幅面大一号的图框尺寸确定。例如 A2×3 的图框尺寸，按 A1 的图框尺寸确定，即 e 为 20（或 c 为 10）。

　　2. 加长幅面（第三选择）的尺寸见 GB/T 14689。

表 8-3　标准尺寸（GB/T 2822—2005）　/mm

R10	R20	R40	Ra10	Ra20	Ra40	R10	R20	R40	Ra10	Ra20	Ra40
1.00	1.00		1.0	1.0				67.0			67
	1.12			1.1			71.0	71.0		71	71
1.25	1.25		1.2	1.2				75.0			75
	1.40			1.4		80.0	80.0	80.0	80	80	80
1.60	1.60		1.6	1.6				85.0			85
	1.80			1.8			90.0	90.0		90	90
2.00	2.00		2.0	2.0				95.0			95
	2.24			2.2		100.0	100.0	100.0	100	100	100
2.50	2.50		2.5	2.5				106			105
	2.80			2.8			112	112		110	110
3.15	3.15		3.0	3.0				118			120
	3.55			3.5		125	125	125	125	125	125
4.00	4.00		4.0	4.0				132			130
	4.50			4.5			140	140		140	140
5.00	5.00		5.0	5.0				150			150
	5.30			5.5		160	160	160	160	160	160
6.30	6.30		6.0	6.0				170			170
	7.10			7.0			180	180		180	180
8.00	8.00		8.0	8.0				190			190
	9.00			9.0		200	200	200	200	200	200
10.00	10.00		10.00	10.0				212			210
	11.2			11			224	224		220	220
12.5	12.5	12.5	12	12	12			236			240
		13.2			13	250	250	250	250	250	250
	14.0	14.0		14	14			265			260
		15.0			15		280	280		280	280
16.0	16.0	16.0	16	16	16			300			300
		17.0			17	315	315	315	320	320	320
	18.0	18.0		18	18			335			340
		19.0			19		355	355		360	360
20.0	20.0	20.0	20	20	20			375			380
		21.2			21	400	400	400	400	400	400
	22.4	22.4		22	22			425			420
		23.6			24		450	450		450	450
25.0	25.0	25.0	25	25	25			475			480
		26.5			26	500	500	500	500	500	500
	28.0	28.0		28	28			530			530
		30.0			30		560	560		560	560
31.5	31.5	31.5	32	32	32			600			600
		33.5			34	630	630	630	630	630	630
	35.5	35.5		36	36			670			670
		37.5			38		710	710		710	710
40.0	40.0	40.0	40	40	40			750			750
		42.5			42	800	800	800	800	800	800
	45.0	45.0		45	45			850			850
		47.5			48		900	900		900	900
50.0	50.0	50.0	50	50	50			950			950
		53.0			53	1000	1000	1000	1000	1000	1000
	56.0	56.0		56	56						
		60.0			60						
63.0	63.0	63.0	63	63	63						

注：1. "标准尺寸"为直径、长度、高度等系列尺寸。

2. 标准中 0.01～1.0mm 以及大于 1000mm 的尺寸，此表未列出。

3. 选择尺寸时，优先选用 R 系列，按照 R10、R20、R40 顺序。如必须将数值圆整，可选择相应的 Ra 系列，应按照 Ra10、Ra20、Ra40 顺序选择。

表 8-4　60°中心孔（GB/T 145—2001）及中心孔表示法（GB/T 4459.5—1999）　　/mm

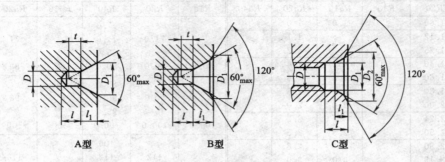

A型　　　　　　B型　　　　　　C型

A、B型						C型				选择中心孔参考数值		
	A型			B型								
D	D_1	l_1	t	D_1	l_1	t	D	D_1	D_2	l	l_1	D_{min}	D_{max}	G/t
		参考			参考						参考			
2	4.25	1.95	1.8	6.3	2.54	1.8						8	10~18	0.12
2.5	5.30	2.42	2.2	8.0	3.20	2.2						10	18~30	0.2
3.15	6.70	3.07	2.8	10.0	4.03	2.8	M3	3.2	5.8	2.6	1.8	12	30~50	0.5
4	8.50	3.90	3.5	12.5	4.90	3.5	M4	4.3	7.4	3.2	2.1	15	50~80	0.8
(5)	10.6	4.85	4.4	16.0	6.41	4.4	M5	5.3	8.8	4.0	2.4	20	80~120	1.0
6.3	13.2	5.98	5.5	18.0	7.36	5.5	M6	6.4	10.5	5.0	2.4	25	120~180	1.5
(8)	17.00	7.79	7.0	22.4	9.36	7.0	M8	8.4	13.2	6.0	3.3	30	180~220	2.0
10	21.20	9.70	8.7	28.0	11.66	8.7	M10	10.5	16.3	7.5	3.8	42	220~260	3.0

中心孔表示法（GB/T 4459.5—1999）

要　　求	符　　号	表示法示例	说　　明
在完工的零件上要求保留中心孔		GB/T 4459.5—B3.15/10	要求做出 B 型中心孔 $D=3.15mm$，$D_1=10mm$ 在完工的零件上要求保留
在完工的零件上可以保留中心孔		GB/T 4459.5—A4/8.5	采用 A 型中心孔 $D=4mm$，$D_1=8.5mm$ 在完工的零件上是否保留都可以
在完工的零件上不允许保留中心孔		GB/T 4459.5—A2/4.25	采用 A 型中心孔 $D=2mm$，$D_1=4.25mm$ 在完工的零件上不允许保留

注：1. 不要求保留中心孔的零件采用 A 型，要求保留中心孔的零件采用 B 型，将零件固定在轴上的中心孔采用 C 型。

2. D_{min}—原料端部最小直径；D_{max}—轴状材料最大直径；G—工件最大质量。

3. 括号内的数值尽量不采用。

表 8-5　零件的倒圆与倒角（GB/T 6403.4—2008）　　/mm

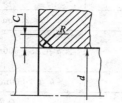 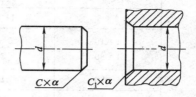

直径 d	>10～18	>18～30	>30～50	>50～80	>80～120	>120～180	>180～250
R 和 C	0.8	1.0	1.2	1.6	2.0	2.5	3.0
C_1	1.2	1.6	1.6	2.0	2.5	3.0	4.0

注：1. 与滚动轴承相配合的轴及座孔处的圆角半径，见有关轴承标准。

2. α 一般采用 45°，也可采用 30°或 60°。

表 8-6　砂轮越程槽（GB/T 6403.5—2008）　　/mm

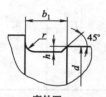 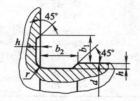 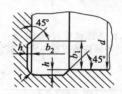

磨外圆　　　　　　　磨外圆及端面　　　　　　　磨内孔及端面

b_1	0.6	1.0	1.6	2.0	3.0	4.0	5.0	8.0	10
b_2	2.0	3.0		4.0		5.0		8.0	10
h	0.1	0.2		0.3	0.4		0.6	0.8	1.2
r	0.2	0.5		0.8	1.0		1.6	2.0	3.0
d	≤10			>10～50		>50～100		>100	

表 8-7　铸件最小壁厚　　/mm

铸造方法	铸件尺寸	铸钢	灰铸铁	球墨铸铁	可锻铸铁	铝合金	铜合金
砂型	≤200×200	6～8	5～6	6	4～5	3	3～5
	>200×200～500×500	10～12	6～10	12	5～8	4	6～8
	>500×500	18～25	15～20	—		5～7	—
金属型	≤70×70	5	4	—	2.5～3.5	2～3	3
	>70×70～150×150	—	5	—	3.5～4.5	4	4～5
	>150×150	10	6	—		5	6～8

注：1. 一般铸造条件下，各种灰铸铁的最小允许壁厚：HT100，HT150，$\delta=4\sim6$mm；HT200，$\delta=6\sim8$mm；HT250，HT350，$\delta=15$mm；HT400，$\delta\geqslant20$mm。

2. 当改善铸造条件时，灰铸铁最小壁厚可达 3mm，可锻铸铁可小于 3mm。

表 8-8 铸造斜度 (JB/ZQ 4257—1997)

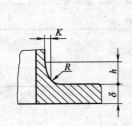

斜度 $b:h$	角度 β	使 用 范 围
1:5	11°30′	$h<25mm$ 时钢和铁的铸件
1:10	5°30′	h 在 25～500mm 时钢和铁的铸件
1:20	3°	
1:50	1°	h 在 >500mm 时钢和铁的铸件
1:100	30′	有色金属铸件

注：当设计不同壁厚的铸件时，在转折点处的斜角最大增到 30°～45°。

表 8-9 铸造过渡斜度 (JB/ZQ 4254—1997) 　　　/mm

适用于减速器、机盖连接管、汽缸及其他各种机件连接法兰等铸件的过渡部分尺寸

铸铁和铸钢件的壁厚 δ	K	h	R
10～15	3	15	5
>15～20	4	20	5
>20～25	5	25	5
>25～30	6	30	8
>30～35	7	35	8
>35～40	8	40	10
>40～45	9	45	10
>45～50	10	50	10
>50～55	11	55	10
>55～60	12	60	15
>60～65	13	65	15
>65～70	14	70	15
>70～75	15	75	15

表 8-10 铸造内圆角 (JB/ZQ 4255—1997)

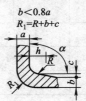

$\frac{a+b}{2}$	内圆角 α											
	<50°		51°～75°		76°～105°		106°～135°		136°～165°		>165°	
	钢	铁	钢	铁	钢	铁	钢	铁	钢	铁	钢	铁
	R/mm											
≤8	4	4	4	4	6	4	8	6	16	10	20	16
9～12	4	4	4	4	6	6	10	8	16	12	25	20
13～16	4	4	6	4	8	6	12	10	20	16	30	25
17～20	6	4	8	6	10	8	16	12	25	20	40	30
21～27	6	6	10	8	12	10	20	16	30	25	50	40
28～35	8	6	12	10	16	12	25	20	40	30	60	50
36～45	10	8	16	12	20	16	30	25	50	40	80	60

c 和 h 值/mm							
b/a		<0.4		0.5～0.65		0.66～0.8	>0.8
$c\approx$		$0.7(a-b)$		$0.8(a-b)$		$a-b$	—
$h\approx$	钢	$8c$					
	铁	$9c$					

表 8-11　铸造外圆角（JB/ZQ 4256—1997）

表面的最小边尺寸 P/mm	过渡尺寸 R/mm					
	外圆角 α					
	<50°	51°~75°	76°~105°	106°~135°	136°~165°	>165°
≤25	2	2	2	4	6	8
>25~60	2	4	4	6	10	16
>60~160	4	4	6	8	16	25
>160~250	4	6	8	12	20	30
>250~400	6	8	10	16	25	40
>400~600	6	8	12	20	30	50

注：如果铸件按表中可选出许多不同的圆角 R 时，应尽量减少或只取一适当的 R 值以求统一。

8.2 金属材料

表 8-12　钢的常用热处理方法及应用

名　称	说　明	应　用
退火	退火是将钢件（或钢坯）加热到临界温度以上 30~50℃保温一段时间，然后再缓慢地冷下来（一般用炉冷）	用来消除铸、锻、焊零件的内应力，降低硬度，使材料易于切削加工，细化金属晶粒，改善组织，增加韧性
正火	正火也是将钢件加热到临界温度以上，保温一段时间，然后用空气冷却，冷却速度比退火为快	用来处理低碳和中碳结构钢及渗碳零件，使其组织细化，增加强度与韧性，减少内应力，改善切削性能
淬火	淬火是将钢件加热到临界点以上温度，保温一段时间，然后在水、盐或油中（个别材料在空气中）急冷下来，使其得到高硬度	用来提高钢的硬度和强度极限，但淬火时会引起内应力使钢变脆，所以淬火后必须回火
回火	回火是将淬硬的钢件加热到临界点以下的温度，保温一段时间，然后在空气中或油中冷却下来	用来消除淬火后的脆性和内应力，提高钢的塑性和冲击韧性
调质	淬火后高温回火，称为调质	用来使钢获得高的韧性和足够的强度。很多重要零件是经过调质处理的
表面淬火	使零件表层有高的硬度和耐磨性，而芯部保持原有的强度和韧性的热处理方法	表面淬火常用来处理齿轮等
时效	将钢加热到小于或等于 120~130℃，长时间保温后，随炉或取出在空气中冷却	用来消除或减小淬火后的微观应力，防止变形和开裂，稳定工件形状及尺寸，以及消除机械加工的残余应力
渗碳	使表面层增碳；渗碳层深度 0.4~6mm 或 > 6mm。硬度在 56~65HRC	增加钢件的耐磨性能、表面硬度、抗拉强度及疲劳极限，适用于低碳、中碳（$w_C < 0.40\%$）结构钢的中小型零件和大型的重负荷、受冲击、耐磨的零件
碳氮共渗	使表面增加碳与氮；扩散层深度较浅 0.02~3.0mm。硬度高，在薄层 0.02~0.04mm 时具有 66~70HRC	增加结构钢、工具钢制件的耐磨性能、表面硬度和疲劳极限，提高刀具切削性能和使用寿命
渗氮	表面增氮，氮化层为 0.025~0.8mm，而氮化时间需 40~50h，硬度很高（1200HV），耐磨、抗蚀性能高	增加钢件的耐磨性能、表面硬度、疲劳极限和抗蚀能力。适用于结构钢和铸铁件，如汽缸套、气门座、机床主轴、丝杠等耐磨零件，以及在潮湿、碱水和燃烧气体介质的环境中工作的零件，如水泵轴、排气阀等零件

表 8-13　灰铸铁 (GB/T 9439—1988)

牌号	铸件壁厚 /mm	力学性能		应　　用
		σ_b/MPa ≥	HBS	
HT100	2.5～10	130	10～166	适用于载荷小、对摩擦和磨损无特殊要求的不重要铸件，如防护罩、盖、油盘、手轮、支架、底板、重锤、小手柄等
	10～20	100	93～140	
	20～30	90	87～131	
	30～50	80	82～122	
HT150	2.5～10	175	137～205	承受中等载荷的铸件，如机座、支架、箱体、刀架、床身、轴承座、工作台、带轮、端盖、泵体、阀体、管路、飞轮、电动机座等
	10～20	145	119～179	
	20～30	130	110～166	
	30～50	120	105～157	
HT200	2.5～10	220	157～236	承受较大载荷和要求一定的气密性或耐蚀性等的较重要铸件，如汽缸、齿轮、机座、飞轮、床身、汽缸体、汽缸套、活塞、齿轮箱、刹车轮、联轴器盘、中等压力阀体等
	10～20	195	148～222	
	20～30	170	134～200	
	30～50	160	129～192	
HT250	4.0～10	270	175～262	
	10～20	240	164～247	
	20～30	220	157～236	
	30～50	200	150～225	
HT300	10～20	290	182～272	承受高载荷、耐磨和高气密性的重要铸件，如重型机床、剪床、压力机，自动车床的床身、机座、机架，高压液压件，活塞环，受力较大的齿轮、凸轮、衬套，大型发动机的曲轴、汽缸体、缸套、汽缸盖等
	20～30	250	168～251	
	30～50	230	161～241	
HT350	10～20	340	199～298	
	20～30	290	182～272	
	30～50	260	171～257	

表 8-14　球墨铸铁 (GB/T 1348—2009)

牌号	抗拉强度 σ_b/MPa	屈服强度 $\sigma_{0.2}$/MPa	延伸率 δ/%	硬度 HBS	应用举例
	最小值				
QT400-18	400	250	18	130～180	减速箱体、齿轮、轮毂、拨叉、阀门、阀盖、高低压汽缸、吊耳等
QT400-15	400	250	15	130～180	
QT450-10	450	310	10	160～210	油泵齿轮、车辆轴瓦、减速器箱体、齿轮、轴承座、阀门体、千斤顶底座等
QT500-7	500	320	7	170～230	
QT600-3	600	370	3	190～270	齿轮轴、曲轴、凸轮轴、机床主轴、缸体、连杆、小负荷齿轮等
QT700-2	700	420	2	225～305	

表 8-15　一般工程用铸造碳钢 （GB/T 11352—2009）

牌号	元素最高含量/%					铸件厚度/mm	室温下试样力学性能（最小值）						特性和用途
							σ_s 或 $\sigma_{0.2}$	σ_b	δ/%	根据合同选择			
	C	Si	Mn	S	P					ϕ/%	冲击性能		
							/MPa				A_{kv}/J	a_{kU} /J·cm^{-2}	
ZG200-400	0.20		0.80				200	400	25	40	30	60	有良好的塑性、韧性和焊接性，用于受力不大、要求韧性的各种形状的机件，如机座、变速箱壳等
ZG230-450	0.30	0.50		0.04		<100	230	450	22	32	25	45	有一定的强度和较好的塑性、韧性，焊接性良好，可切削性尚好，用于受力不大、要求韧性的零件，如机座、机盖、箱体、底板、阀体、锤轮、工作温度在 450℃ 以下的管路附件等
ZG270-500	0.40		0.90				270	500	18	25	22	35	有较高的强度和较好的塑性，铸造性良好，焊接性尚可，可切削性好，用于各种形状的机件，如飞轮、轧钢机架、蒸汽锤、桩锤、联轴器、连杆、箱体、曲拐、水压机工作缸、横梁等
ZG310-570	0.5	0.60					310	570	15	21	15	30	强度和切削性良好，塑性、韧性较低，硬度和耐磨性较高，焊接性差、流动性好，裂纹敏感性较大，用于负荷较大的零件，各种形状的机件，如联轴器、轮、汽缸、齿轮、齿轮圈、棘轮及重负荷机架等

表 8-16　铸造铜合金 （GB/T 1176—1987）

合金牌号	金属名称（或代号）	铸造方法	合金状态	力学性能（不低于）				应用举例
				拉伸强度 σ_b/MPa	屈服强度 $\sigma_{0.2}$/MPa	伸长率 δ_s/%	布氏硬度 HBW	
ZCuSn5Ph5Zn5	5-5-5 锡青铜	S、J Li、La	—	200 250	90 100	13	590 635	较高载荷、中速下工作的耐磨、耐腐蚀件，如轴瓦、衬套、缸套及蜗轮等
ZCuSn10P1	10-1 锡青铜	S J Li La	—	220 310 330 360	130 170 170 170	3 2 4 6	785 885 885 885	高载荷（20MPa 以下）和高滑动速度（8m/s）下工作的耐磨件，如连杆、衬套、轴瓦、蜗轮等

合金牌号	金属名称（或代号）	铸造方法	合金状态	力学性能（不低于）				应用举例
				拉伸强度 σ_b/MPa	屈服强度 $\sigma_{0.2}$/MPa	伸长率 δ_s/%	布氏硬度 HBW	
ZCuSn10Pb5	10-5 锡青铜	S J	—	195 245	—	10	685	耐蚀、耐酸件及破碎机衬套、轴瓦等
ZCuPb17Sn4Zn4	17-4-4 铅青铜	S J	—	150 175	—	5 7	540 590	一般耐磨件、轴承等
ZCuAl10Fe3	10-3 铝青铜	S J Li、La	—	490 540 540	180 200 200	13 15 15	980 1080 1080	要求强度高、耐磨、耐蚀的零件，如轴套、螺母、蜗轮、齿轮等
ZCuAl10Fe3Mn2	10-3-2 铝青铜	S J	—	490 540		15 20	1080 1175	
ZCuZn38	38 黄铜	S J	—	295		30	590 685	一般结构件和耐蚀件，如法兰、阀座、螺母等
ZCuZn40Pb2	40-2 铅黄铜	S J	—	220 280	120	15 20	785 885	一般用途的耐磨、耐蚀件，如轴套、齿轮等
ZCuZn38Mn2Pb2	38-2-2 锰黄铜	S J	—	245 345		10 18	685 785	一般用途的结构件，如套筒、衬套、轴瓦、滑块等
ZCuZn16Si4	16-4 硅黄铜	S J	—	345 390		15 20	885 980	接触海水工作的管配件以及水泵，叶轮等

表 8-17　普通碳素结构钢（GB/T 700—2006）

牌号	力学性能						抗拉强度 σ_b/MPa	延伸率 δ_s/% （不小于）	应用举例
	屈服强度 σ_s 或 $\sigma_{0.2}$/MPa								
	材料厚度（直径）/mm								
	≤16	>16～40	>40～60	>60～100	>100～150	>150			
	最小值								
Q195	195	185	—	—	—	—	315～430	33	塑性好,常用其轧制薄板、拉制线材和焊接钢管
Q215	215	205	195	185	175	165	335～450	31	普通金属构件、拉杆、芯轴、垫圈、凸轮等
Q235	235	225	215	205	195	185	370～500	26	普通金属构件、吊钩、拉杆、螺栓、螺母、套、盖、焊接件等
Q275	275	265	255	245	225	215	410～540	22	轴、轴销、螺栓等强度较高的零件

注：延伸率为材料厚度（或直径）≤16mm 时的性能，按 σ_s 栏尺寸分段，每一段的 σ_s 值应降低一个值。

表 8-18　优质碳素结构钢（GB/T 699—1999）

牌号	推荐热处理 /℃			试件毛坯尺寸 /mm	力学性能					钢材交货状态硬度 HBS		应用举例
					抗拉强度 σ_b	屈服强度 σ_s	延伸率 δ_s	收缩率 ψ	冲击功 A_k/J	未热处理	退火钢	
	正火	淬火	回火		/MPa		/%			不大于		
					不小于							
08F	930	—	—	25	295	175	35	60	—	131	—	用于需塑性好的零件,如轧制薄板、管子、垫片、垫圈,心部强度要求不高的渗碳和氰化零件,如套筒、短轴支架、离合器盘
20	910	—	—	25	410	245	25	55	—	156	—	渗碳、液体碳氮共渗后用作重型或中型机械受载不大的轴、螺栓、螺母、开口销、吊钩、垫圈、齿轮、链轮
35	870	850	600	25	530	315	20	45	55	197	—	用于制造曲轴、转轴、轴销、杠杆、连杆、螺栓、螺母、垫圈、飞轮等,多在正火、调质下使用
45	850	840	600	25	600	355	16	40	39	229	197	用作要求综合力学性能高的各种零件,通常在正火或调质下使用,用于制造轴、齿轮、齿条、链轮
60	810	—	—	25	675	400	12	35	—	255	229	用于制造弹簧、弹簧垫圈、凸轮、轧辊等
40Mn	860	840	600	25	590	355	17	45	47	229	207	用于制造轴、曲轴、连杆及高应力下工作的螺栓螺母
50Mn	830	830	600	25	645	390	13	40	31	255	217	多在淬火、回火后使用,用于制造齿轮、齿轮轴、摩擦盘、凸轮
60Mn	810	—	—	25	735	430	9	30	—	285	229	用于制造弹簧、弹簧垫圈、弹簧环和片以及冷拔钢丝(≤7mm)和发条

表 8-19　合金结构钢（GB/T 3077—1999）

牌号	试件毛坯尺寸 /mm	力学性能					钢材退火或高温回火供应状态布氏硬度 HBS	表面淬火硬度 HRC	应用举例
		抗拉强度 σ_b	屈服强度 σ_s	延伸率 δ_s	收缩率 ψ	冲击功 A_k/J			
		/MPa		/%					
		不小于					不大于		
30Mn2	25	785	635	12	45	63	207	—	起重机行车轴、变速箱齿轮、冷镦螺栓及较大截面的调质零件
35SiMn	25	885	735	15	45	47	229	45~55	可代替 40Cr 用来制选中、小型轴类、齿轮等零件及 430℃ 以下的重要紧固件
42SiMn	25	885	735	15	40	47	229	45~55	可代替 40Cr、34CrMo 钢,制造大齿圈
20SiMnV	15	1175	980	10	45	55	207	渗碳 56~62	代替 20CrMnTi

续表

牌号	试件毛坯尺寸/mm	力学性能					钢材退火或高温回火供应状态布氏硬度 HBS	表面淬火硬度 HRC	应用举例
		抗拉强度 σ_b	屈服强度 σ_s	延伸率 δ_s	收缩率 ψ	冲击功 A_k/J			
		/MPa		/%					
		不小于					不大于		
20Cr	15	835	540	10	40	47	179	渗碳 56～62	用于制造要求芯部强度较高,承受磨损、尺寸较大的渗碳零件,如齿轮、齿轮轴、蜗杆、凸轮、活塞销等,也用于制造速度较大、受中等冲击的调质零件
40Cr	25	980	785	9	45	47	207	48～55	用于受变载、中速中载、强烈磨损而无很大冲击的重要零件,如重要的齿轮、轴、曲轴、连杆、螺栓、螺母等
20CrMnTi	15	1080	835	10	45	55	217	渗碳 56～62	强度、韧性均高,可代替镍铬钢用于承受高速、中载或重载荷以及冲击、磨损等重要零件,如渗碳齿轮、凸轮等
40CrNiMoA	25	980	835	12	55	78	269	—	用于制造重负荷、大截面的重要调质零件,如大型的轴和齿轮、汽轮机零件、高压鼓风机叶片

表 8-20　常用轧制钢板尺寸规格（GB/T 708—1988，GB/T 709—1988）

公称厚度	冷轧 GB/T 708—1988	0.20 0.25 0.30 0.35 0.40 0.45 0.55 0.60 0.65 0.70 0.75 0.80 0.90
		1.0 1.1 1.2 1.3 1.4 1.5 1.6 1.7 1.8 2.0 2.2 2.5 2.8
		3.0 3.2 3.5 3.8 3.9 4.0 4.2 4.5 4.8 5.0
	热轧 GB/T 709—1988	0.50 0.55 0.60 0.65 0.70 0.75 0.80 0.90 1.0 1.2 1.3 1.4 1.5 1.6 1.8
		2.0 2.2 2.5 2.8 3.0 3.2 3.5 3.8 3.9 4.0 4.5 5 6 7 8
		9 10 11 12 13 14 15 16 17 18 19 20 21 22 25
		26 28 30 32 34 36 38 40 42 45 48 50 52 55 ～110(5 进位)
		120 125 130 140 150 160 165 170 180 185 190 195 200

注：钢板宽度为 50mm 或 10mm 的倍数,但不小于 600mm。钢板长度为 100mm 或 50mm 的倍数,当厚度小于等于 4mm 时,长度不小于 1.2mm;厚度大于 4mm 时,长度大于等于 2m。

8.3 连接件和紧固件

8.3.1 螺纹与螺纹连接件

表 8-21　普通螺纹（GB/T 196—2003）

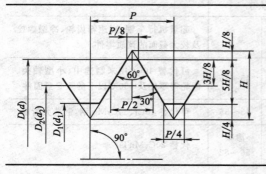

$H = 0.866P$

$d_2 = d - 0.6495P$

$d_1 = d - 1.0825P$

D, d ——内、外螺纹大径；

D_2, d_2 ——内、外螺纹中径；

D_1, d_1 ——内、外螺纹小径；

P ——螺距

标记示例：M24(粗牙普通螺纹,直径 24mm,螺距 3mm)

M24×1.5(细牙普通螺纹,直径 24mm,螺距 1.5mm)

续表

公称直径 D,d		螺距 P		中径	小径	公称直径 D,d		螺距 P		中径	小径
第一系列	第二系列	粗牙	细牙	D_2,d_2	D_1,d_1	第一系列	第二系列	粗牙	细牙	D_2,d_2	D_1,d_1
3		0.5		2.675	2.459				3	22.051	20.752
			0.35	2.773	2.621	24			2	22.701	21.835
	3.5	(0.6)		3.110	2.850				1.5	23.026	22.376
			0.35	3.273	3.121				1	23.350	22.917
4		0.7		3.545	3.242				3	25.051	23.752
			0.5	3.675	3.459		27		2	25.701	24.835
	4.5	(0.75)		4.013	3.688				1.5	26.026	25.376
			0.5	4.175	3.959				1	26.350	25.917
5		0.8		4.480	4.134			3.5		27.727	26.211
			0.5	4.675	4.459	30			(3)	28.051	26.752
6		1		5.350	4.917				2	28.701	27.835
			0.75	5.513	5.188				1.5	29.026	28.376
									1	29.350	28.917
8		1.25		7.188	6.647			3.5		30.727	29.211
			1	7.350	6.917		33		(3)	31.051	29.752
			0.75	7.513	7.188				2	31.701	30.835
									1.5	32.026	31.376
10		1.5		9.026	8.376			4		33.402	31.670
			1.25	9.188	8.647	36			3	34.051	32.752
			1	9.350	8.917				2	34.701	33.835
			0.75	9.513	9.188				1.5	35.026	34.376
12		1.75		10.863	10.106			4		36.402	34.670
			1.5	11.026	10.376		39		3	37.051	35.752
			1.25	11.188	10.647				2	37.701	36.835
			1	11.350	10.917				1.5	38.026	37.376
	14	2		12.701	11.835			4.5		39.077	37.129
			1.5	13.026	12.376	42			(4)	39.402	37.670
			(1.25)	13.188	12.647				3	40.051	38.752
			1	13.350	12.917				2	40.701	39.835
									1.5	41.026	40.376
16		2		14.701	13.835			4.5		42.077	40.129
			1.5	15.026	14.376		45		(4)	42.402	40.670
			1	15.350	14.917				3	43.051	41.752
	18	2.5		16.376	15.294				2	43.701	42.835
			2	16.701	15.835				1.5	44.026	43.376
			1.5	17.026	16.376	48		5		44.752	42.587
			1	17.350	16.917				(4)	45.402	43.670
20		2.5		18.376	17.294				3	46.051	44.752
			2	18.701	17.835				2	46.701	45.835
			1.5	19.026	18.376				1.5	47.026	46.376
			1	19.350	18.917		52	5		48.752	46.587
	22	2.5		20.376	19.294				(4)	49.402	47.670
			2	20.701	19.835				3	50.051	48.752
			1.5	21.026	20.376				2	50.701	49.835
			1	21.350	20.917				1.5	51.026	50.376

公称直径 D,d		螺距 P		中径 D_2,d_2	小径 D_1,d_1	公称直径 D,d		螺距 P		中径 D_2,d_2	小径 D_1,d_1
第一系列	第二系列	粗牙	细牙			第一系列	第二系列	粗牙	细牙		
56		5.5		52.428	55.046		60	(5.5)		56.428	57.046
			4	53.402	51.670				4	57.402	55.670
			3	54.051	52.752				3	58.051	56.752
			2	54.701	53.835				2	58.701	57.835
			1.5	55.026	54.376				1.5	59.026	58.376

注：1. 优先选用第一系列，其次是第二系列，第三系列（表中未列出）尽可能不用。

2. M14×1.25 仅用于火花塞。

3. 括号内尺寸尽可能不用。

表 8-22 普通螺纹余留长度、钻孔余留深度、螺栓突出螺母的末端长度（JB/ZQ 4247—1997）

/mm

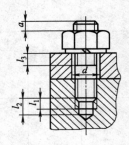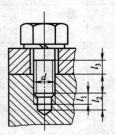

螺距 P	螺 纹 直 径		余 留 长 度			末端长度
	粗牙	细牙	内螺纹	钻孔	外螺纹	
	d	d	l_1	l_2	l_3	a
0.5	3	5	1	4	2	1～2
0.7	4			5		2～3
0.75	—	6	1.5		2.5	
0.8	5			6		
1	6	8,10,14,16,18	2	7	3.5	2.5～4
1.25	8	12	2.5	9	4	
1.5	10	14,16,18,20,22,24,27,30,33	3	10	4.5	3.5～5
1.75	12		3.5	13	5.5	
2	14,16	24,27,30,33,36,39,45,48,52	4	14	6	4.5～6.5
2.5	18,20,22		5	17	7	
3	24,27	36,39,42,45,48,56,60,64,72,76	6	20	8	5.5～8
3.5	30		7	23	10	
4	36	56,60,64,68,72,76	8	26	11	7～11
4.5	42	—	9	30	12	
5	48		10	33	13	
5.5	56	—	11	36	16	10～15
6	64,72,76		12	40	18	

表 8-23　六角头螺栓—C 级（GB/T 5780—2000）和

六角头螺栓全螺纹—C 级（GB/T 5781—2000）　　　　/mm

六角头螺栓—C 级（GB/T 5780—2000）　　　　　六角头螺栓全螺纹—C 级（GB/T 5781—2000）

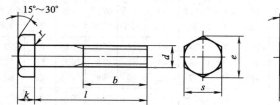
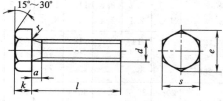

标记示例：

螺纹规格 d＝M12mm，公称长度 l＝80mm，性能等级为 4.8 级，不经表面处理，C 级的六角头螺栓：螺栓 GB/T 5780 M12×80

螺纹规格 d		M5	M6	M8	M10	M12	(M14)	M16	(M18)	M20	(M22)	M24	(M27)	M30	M36
s_{max}		8	10	13	16	18	21	24	27	30	34	36	41	46	55
k公称		3.5	4	5.3	6.4	7.5	8.8	10	11.5	12.5	14	15	17	18.7	22.5
e_{min}		8.6	10.9	14.2	17.6	19.9	22.8	26.2	29.6	33	37.3	39.6	45.2	50.9	60.8
a_{max}		2.4	3	4	4.5	5.3	6	6	7.5	7.5	7.5	9	9	10.5	10.5
b 参考	$l \leqslant 125$	16	18	22	26	30	34	38	42	46	50	54	60	66	78
	$125 < l \leqslant 200$	22	24	28	32	36	40	44	48	52	56	60	66	72	84
	$l > 200$	—	37	41	45	49	53	57	61	65	69	73	79	85	97
l	GB/T 5780	25~50	30~60	40~80	45~100	55~120	60~140	65~160	80~180	65~200	90~220	100~240	110~260	120~300	140~360
	GB/T 5781	10~50	12~60	16~80	20~80	25~100	30~140	30~160	35~180	40~200	45~220	50~240	55~280	60~300	70~360
l 系列		10,12,16,20~70（5 进位），70~150（10 进位），180~500（20 进位）													

技术条件	材料	力学性能等级	螺纹公差	产品公差等级	表面处理
	钢	3.6,4.6,4.8	8g	C	①不经处理；②镀锌钝化

注：1. M5~M36 为商品规格，为销售储备的产品最通用的规格。

2. M42~M64 为通用规格，较商品规格低一挡，有时买不到要现制造。

3. 带括号的规格表示尽量不采用的规格，除表列外还有 (M33)、(M39)、(M45)、(M52) 和 (M60)。

表 8-24　六角头螺栓—A 级和 B 级（GB/T 5782—2000）

和六角头螺栓全螺纹—A 和 B 级（GB/T 5783—2000）　　　　/mm

六角头螺栓—A 和 B 级（GB/T 5782—2000）　　　　六角头螺栓全螺纹—A 和 B 级（GB/T 5783—2000）

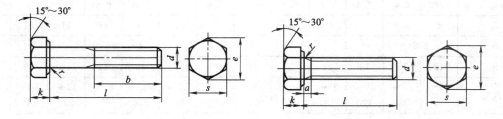

标记示例：

螺纹规格 d＝M12mm，公称长度 l＝80mm，性能等级为 8.8 级，表面氧化，A 级的六角头螺栓：螺栓 GB/T 5782　M12×80

续表

螺纹规格 d		M3	M4	M5	M6	M8	M10	M12	(M14)	M16	(M18)	M20	(M22)	M24	(M27)	M30	M36
s_{max}		5.5	7	8	10	13	16	18	21	24	27	30	34	36	41	46	55
k		2	2.8	3.5	4	5.3	6.4	7.5	8.8	10	11.5	12.5	14	15	17	18.7	22.5
e		6.1	7.7	8.8	11.1	14.4	17.8	20	23.4	26.8	30	33.5	37.7	40	45.2	50.9	60.8
a		1.5	2.1	2.4	3	3.75	4.5	5.25	6	6	7.5	7.5	7.5	9	9	10.5	12
b 参考	$l\leqslant125$	12	14	16	18	22	26	30	34	38	42	46	50	54	60	66	78
	$125<l\leqslant200$	—	—	—	—	28	32	36	40	44	48	52	56	60	66	72	84
	$l>200$	—	—	—	—	41	43	49	57	57	61	65	69	73	79	85	97
l		20~30	25~40	25~50	30~60	35~80	40~100	45~120	50~140	55~160	60~180	65~200	70~220	80~240	90~260	90~330	110~360
全螺纹长度 l		6~30	8~40	10~50	12~60	16~80	20~100	25~120	30~140	35~100	35~180	40~100	45~100	40~100	55~200	40~100	
l 系列		20~50(5 进位),(55),60,(65),70~160(10 进位),180~400(20 进位)															

技术条件	材料	力学性能等级		产品公差等级	表面处理	螺纹公差
	钢	GB 5782	$d\leqslant39mm$ 时为 8.8,$d>39mm$ 时按协议	A,B	①氧化;②镀锌钝化	6g
		GB 5783	8.8,10.9			

注：1. 产品等级 A 用于 $d\leqslant24mm$ 和 $l\leqslant10d$ 或$\leqslant150mm$ 的螺栓，B 级用于 $d>24mm$ 和 $l>10d$ 或$>150mm$ 的螺栓。

2. M3~M36 为商品规格，M42~M64 为通用规格，带括号的规格尽量不用。

表 8-25　六角头铰制孔用螺栓—A 级和 B 级 (GB/T 27—1988)

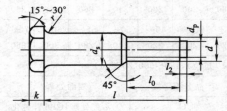

标记示例

　　$d=M12mm$,$l=80mm$,性能等级为 8.8 级,表面氧化处理,d_s 公差为 h9,A 级的六角头铰制孔用螺栓,标记为 螺栓 GB/T 27—1988 M12×m6×80

螺纹规格 d	M6	M8	M10	M12	(M14)	M16	(M18)	M20	(M22)	M24	(M27)	M30	M36
d_s(h9)	7	9	11	13	15	17	19	21	23	25	28	32	38
s	10	13	16	18	21	24	27	30	34	36	41	46	55
k	4	5	6	7	8	9	10	11	12	13	15	17	20
e_{min} A	11.5	14.38	17.77	20.03	23.35	26.75	30.14	33.53	37.72	39.98	—	—	—
e_{min} B	10.89	14.20	17.59	19.85	22.78	26.17	29.56	32.95	37.29	39.55	45.2	50.85	60.79
r_{min}	0.25	0.4	0.4	0.6	0.6	0.6	0.6	0.8	0.8	0.8	1	1	1
d_p	4	5.5	7	8.5	10	12	13	15	17	18	21	23	28
l_2	1.5			2			3			4		5	6
l_0	12	15	18	22	25	28	30	32	35	38	42	50	55
l 范围	25~65	25~80	30~120	35~180	40~180	45~200	50~200	55~200	60~200	65~200	75~200	80~230	90~300
l 系列	25,(28),30,32,35,(38),40,45,50,(55),60,(65),70,(75),80,85,90,(95),100,110,120,130,140,150,160,170,180,190,200,210,220,230,240,250,260,280,300												

注：括号内的规格尽量不用。

表 8-26　双头螺柱（GB/T 897~899—1988）　　　　　　　　　　　　/mm

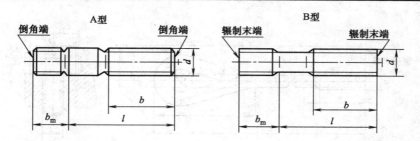

标记示例：

两端均为粗牙普通螺纹，d＝M10mm，l＝50mm，性能等级为 4.8 级，不经表面处理，B 型，b_m＝d 的双头螺柱，标记为：

螺柱　GB/T 897　M10×50

旋入机体一端为粗牙普通螺纹，旋螺母一端为 P＝1mm 的细牙普通螺纹，d＝M10mm，l＝50mm，性能等级 4.8 级，不经表面处理，A 型，b_m＝d 的双头螺柱，标记为：

螺柱　GB/T 897　AM10-M10×1×50

旋入机体一端为过渡配合螺纹的第一种配合，旋螺母一端为粗牙普通螺纹，d＝M10mm，l＝50mm，性能等级为 8.8 级，镀锌钝化，B 型，b_m＝d 的双头螺柱，标记为：

螺柱　GB/T 897　GM10-M10×50-8.8-Zn·D

螺纹规格 d		M5	M6	M8	M10	M12	（M14）	M16	M18	M20
b_m	GB/T 897	5	6	8	10	12	14	16	18	20
	GB/T 898	6	8	10	12	15	18	20	22	25
	GB/T 899	8	10	12	15	18	21	24	27	30
	GB/T 900	10	12	16	20	24	28	32	36	40
$\dfrac{l}{b}$		$\dfrac{16\sim22}{10}$	$\dfrac{20\sim22}{10}$	$\dfrac{20\sim22}{12}$	$\dfrac{25\sim28}{14}$	$\dfrac{25\sim30}{16}$	$\dfrac{20\sim35}{18}$	$\dfrac{30\sim38}{20}$	$\dfrac{35\sim44}{22}$	$\dfrac{35\sim40}{25}$
		$\dfrac{25\sim50}{16}$	$\dfrac{25\sim30}{14}$	$\dfrac{25\sim30}{16}$	$\dfrac{30\sim38}{16}$	$\dfrac{32\sim40}{20}$	$\dfrac{38\sim45}{25}$	$\dfrac{40\sim55}{30}$	$\dfrac{45\sim60}{35}$	$\dfrac{46\sim65}{35}$
			$\dfrac{32\sim75}{18}$	$\dfrac{32\sim90}{22}$	$\dfrac{40\sim120}{26}$	$\dfrac{45\sim120}{30}$	$\dfrac{50\sim120}{34}$	$\dfrac{60\sim120}{38}$	$\dfrac{65\sim120}{42}$	$\dfrac{70\sim120}{46}$
					$\dfrac{130}{32}$	$\dfrac{130\sim180}{36}$	$\dfrac{130\sim180}{40}$	$\dfrac{130\sim200}{44}$	$\dfrac{130\sim200}{48}$	$\dfrac{130\sim200}{52}$
螺纹规格 d		（M22）	M24	（M27）	M30	（M33）	M36	（M39）	M42	M48
b_m	GB/T 897	22	24	27	30	33	36	39	42	48
	GB/T 898	28	30	35	38	41	45	49	52	60
	GB/T 899	33	36	40	45	49	54	58	63	72
	GB/T 900	44	48	54	60	66	72	78	84	96
$\dfrac{l}{b}$		$\dfrac{40\sim45}{30}$	$\dfrac{45\sim50}{30}$	$\dfrac{50\sim60}{35}$	$\dfrac{60\sim65}{40}$	$\dfrac{65\sim70}{45}$	$\dfrac{65\sim75}{45}$	$\dfrac{70\sim80}{50}$	$\dfrac{70\sim80}{50}$	$\dfrac{80\sim90}{60}$
		$\dfrac{50\sim70}{40}$	$\dfrac{55\sim75}{45}$	$\dfrac{65\sim85}{50}$	$\dfrac{70\sim90}{50}$	$\dfrac{75\sim95}{60}$	$\dfrac{80\sim110}{60}$	$\dfrac{85\sim110}{65}$	$\dfrac{85\sim110}{70}$	$\dfrac{95\sim110}{80}$
		$\dfrac{75\sim120}{50}$	$\dfrac{80\sim120}{54}$	$\dfrac{90\sim130}{60}$	$\dfrac{95\sim120}{66}$	$\dfrac{100\sim120}{72}$	$\dfrac{120}{78}$	$\dfrac{120}{84}$	$\dfrac{120}{90}$	$\dfrac{120}{102}$
		$\dfrac{130\sim200}{56}$	$\dfrac{130\sim200}{60}$	$\dfrac{130\sim200}{66}$	$\dfrac{130\sim200}{72}$	$\dfrac{130\sim200}{78}$	$\dfrac{130\sim200}{84}$	$\dfrac{130\sim200}{90}$	$\dfrac{130\sim200}{96}$	$\dfrac{130\sim200}{108}$
					$\dfrac{210\sim250}{85}$	$\dfrac{210\sim300}{91}$	$\dfrac{210\sim300}{97}$	$\dfrac{210\sim300}{103}$	$\dfrac{210\sim300}{109}$	$\dfrac{210\sim300}{121}$
l 系列		16,(18),20,(22),25,(28),30,(32),35,(38),40,45,50,(55),60,(65),70,(75),80,(85),90, (95),100,110,120,130,140,150,160,170,180,190,200								

注：1. 括号中的规格尽量不用。GB/T 898—1988 d＝M5~M20mm 为商品规格，其余均为通用规格。

2. 技术条件：螺纹公差 6g 过渡配合螺纹 GM、G_2M，性能等级：钢为 4.8、5.8、6.8、8.8、10.9、12.9；GB/T 900 还可用过盈配合螺纹 YM。

3. b_m＝d 一般用于钢对钢，b_m＝(1.25~1.5)d 一般用于钢对铸铁，b_m＝2d 一般用于钢对铝合金。

表 8-27　地脚螺栓（GB/T 799—1988）　　　　　　　　　　　　/mm

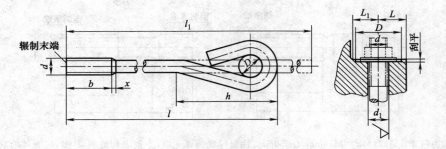

标记示例：

　　$d=20$，$l=400$，性能等级为 3.6 级，不经表面处理的地脚螺栓的标记：螺栓 GB/T 799 M20×400

d	b		D	h	l_1	x(max)	l	d_1	D	L	L_1
	max	min									
M16	50	44	20	93	$l+72$	5	220～500	20	45	25	22
M20	58	52	30	127	$l+110$	6.3	300～600	25	48	30	25
M24	68	60	30	139	$l+110$	7.5	300～800	30	60	35	30
M30	80	72	45	192	$l+165$	8.8	400～1000	40	85	50	50
l 系列	80,120,160,220,300,400,500,600,800,1000										
技术条件	材料	力学性能等级		螺纹公差		产品等级	表面处理	注：根据结构和工艺要求，必要时尺寸 L 及 L_1 可以变动			
	Q235，35，45	3.6		8g		C	①不处理；②氧化；③镀锌				

表 8-28　开槽圆柱头螺钉（GB/T 65—2000）、开槽盘头螺钉（GB/T 67—2000）、

　　　　　　　开槽沉头螺钉（GB/T 68—2000）　　　　　　　/mm

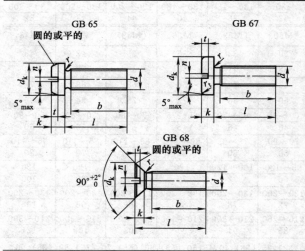

标记示例：

　　螺纹规格 $d=$ M5mm，$l=20$mm，性能等级为 4.8 级，不经表面处理的开槽圆柱头螺钉：

　　　　螺钉　GB/T 65　M5×20

　　螺纹规格 $d=$ M5mm，$l=20$mm，性能等级为 4.8 级，不经表面处理的开槽盘头螺钉：

　　　　螺钉　GB/T 67　M5×20

　　螺纹规格 $d=$ M5mm，$l=20$mm，性能等级为 4.8 级，不经表面处理的开槽沉头螺钉：

　　　　螺钉　GB/T 68　M5×20

螺纹规格 d		M1.6	M2	M2.5	M3	M4	M5	M6	M8	M10
GB/T 65	d_k(max)	3.0	3.8	4.5	5.5	7	8.5	10	13	16
	k(max)	1.1	1.4	1.8	2.0	2.6	3.3	3.9	5	6
	t(min)	0.45	0.6	0.7	0.85	1.1	1.3	1.6	2	2.4

螺纹规格 d		M1.6	M2	M2.5	M3	M4	M5	M6	M8	M10
GB/T 65	r(min)	0.1	0.1	0.1	0.1	0.2		0.25	0.4	
	l(范围)	2～16	3～20	3～25	4～30	5～40	6～50	8～60	10～80	12～80
	全螺纹时最大长度	30				40				
GB/T 67	d_k(max)	3.2	4	5	5.6	8	9.5	12	16	20
	k(max)	1	1.3	1.5	1.8	2.4	3	3.6	4.8	6
	t(min)	0.35	0.5	0.6	0.7	1	1.2	1.4	1.9	2.4
	r(min)	0.1				0.2		0.25	0.4	
	l(范围)	2～16	2.5～20	3～25	4～30	5～40	6～50	8～60	10～80	12～80
	全螺纹时最大长度	30				45				
GB/T 68	d_k(max)	3	3.8	4.7	5.5	8.4	9.3	11.3	15.8	18.3
	k(max)	1	1.2	1.5	1.65	2.7	2.7	3.3	4.65	5
	t(min)	0.32	0.4	0.5	0.6	1	1.1	1.2	1.8	2
	r(min)	0.4	0.5	0.6	0.8	1	1.3	1.5	2	2.5
	l(范围)	2.5～16	3～20	4～25	5～30	6～40	8～50	8～60	10～80	12～80
	全螺纹时最大长度	30				45				
n		0.4	0.5	0.6	0.8	1.2		1.6	2	2.5
b		25			38					
l 系列(公称)		2,2.5,3,4,5,6,8,10,12,(14),16,20,25,30,35,40,45,50,(55),60,(65),70,(75),80									

注：1. b 不包括螺尾。

2. 括号内尺寸规格尽量不采用。

3. 表列规格为商品规格。

4. 材料为钢时，性能等级为 4.8、5.8；为不锈钢时，性能等级为 A2-70、A2-50，螺纹公差为 6g，表面处理：材料为钢时不经处理，镀锌钝化；材料为不锈钢时不经处理。

表 8-29　紧定螺钉（GB/T 71—1985、GB/T 73—1985、GB/T 75—1985）

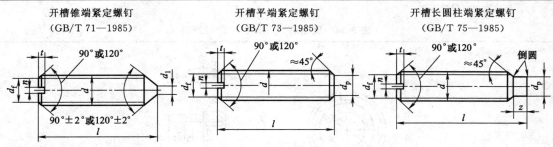

开槽锥端紧定螺钉　　　　　　开槽平端紧定螺钉　　　　　　开槽长圆柱端紧定螺钉
（GB/T 71—1985）　　　　　（GB/T 73—1985）　　　　　（GB/T 75—1985）

标记示例：

螺纹规格 d＝M5mm，公称长度 l＝12mm，性能等级为 14H 级，表面氧化的开槽锥端紧定螺钉：

螺钉　GB/T 71　M5×12

螺纹规格 d	螺距 P	n(公称)	t(max)	d_1(max)	d_p(max)	z(max)	长度 l		l 系列(公称)
							GB/T 71, GB/T 75	GB/T 73	
M4	0.7	0.6	1.42	0.4	2.5	2.25	6～20	4～20	4,5,6,8,10,12,16,
M5	0.8	0.8	1.63	0.5	3.5	2.75	8～25	5～25	20,25,30,35,40,45,
M6	1	1	2	1.5	4	3.25	8～30	6～30	50,60

表 8-30　Ⅰ型六角螺母—A 和 B 级（GB/T 6170—2000）和Ⅰ型六角螺母—C 级（GB/T 41—2000）

/mm

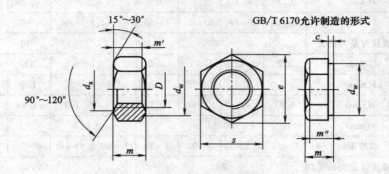

GB/T 6170允许制造的形式

标记示例：

螺纹规格 D＝M12mm，性能等级为 10 级，不经表面处理，A 级的Ⅰ型六角螺母，标记为：

螺母　GB/T 6170　M12

螺纹规格 D		M5	M6	M8	M10	M12	(M14)	M16	(M18)	M20	(M22)	M24	(M27)	M30	(M33)	M36
e (min)	GB/T 6170	8.79	11.05	14.38	17.77	20.03	23.35	26.75	29.56	32.95	37.29	39.55	45.2	50.85	55.37	60.79
	GB/T 41	8.63	10.89	14.20	17.29	19.85	22.78	26.17	29.56	32.95	37.29	39.55	45.2	50.85	55.37	60.79
m	GB/T 6170	4.7	5.2	6.8	8.4	10.8	12.8	14.8	15.8	18	19.4	21.5	23.8	25.5	28.7	31
	GB/T 41	5.6	6.4	7.9	9.5	12.2	13.9	15.9	16.9	19	20.2	22.3	24.7	26.4	—	31
s (max)		8	10	13	16	18	21	24	27	30	34	36	41	45	50	53.8

技术条件	材料	力学性能等级		螺纹公差	产品等级		表面处理
GB/T 6170	钢	6,8,10		6H	A 级用于 $D{\leqslant}16$mm，B 级用于 $D{>}16$mm		不经处理或表面镀锌钝化
GB/T 41		4,5		7H	C		

注：括号内规格尽量不用。

表 8-31　圆螺母（GB/T 812—1988）　　　　　/mm

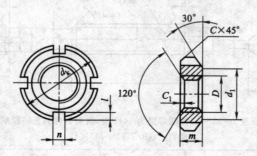

标记示例

螺纹规格 D 为 M16mm×1.5mm，材料为 45 钢，槽或全部热处理后硬度为 35～45HRC，表面氧化的圆螺母的标记为：

螺母　GB 812—1988　M16×1.5

续表

圆　螺　母										小　圆　螺　母							
螺纹规格 $D\times P$	d_k	d_1	m	n max	n min	t max	t min	C	C_1	螺纹规格 $D\times P$	d_k	m	n max	n min	t max	t min	C	C_1
M10×1	22	16	8	4.3	4	2.6	2			M10×1	20	6	4.3	4	2.6	2		
M12×1.25	25	19		4.3	4	2.6	2			M12×1.25	22							
M14×1.5	28	20								M14×1.5	25							
M16×1.5	30	22					0.5			M16×1.5	28							
M18×1.5	32	24								M18×1.5	30						0.5	
M20×1.5	35	27								M20×1.5	32							
M22×1.5	38	30		5.3	5	3.1	2.5		0.5	M22×1.5	35							0.5
M24×1.5	42	34								M24×1.5	38		5.3	5	3.1	2.5		
M25×1.5	42	34								M27×1.5	42	8						
M27×1.5	45	37	10							M30×1.5	45						1	
M30×1.5	48	40					1			M33×1.5	48							
M33×1.5	52	43		6.3	6	3.6	3											
M35×1.5	52	43																
M36×1.5	55	46																

表 8-32　平垫圈—C 级（GB/T 95—2002）　　　　/mm

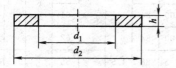

标记示例：

标准系列，公称尺寸 $d=8$mm，性能等级为 100HV 级，不经表面处理的平垫圈的标记为：

垫圈　GB/T 95　8

公称尺寸 d	5	6	8	10	12	14	16	20	24	30	36
内径 d_1	5.5	6.5	9	11	13.5	15.5	17.5	22	26	33	39
外径 d_2	10	12	16	20	24	28	30	37	44	56	66
厚度 h	1	1.6	1.6	2	2.5	2.5	3	3	4	4	5

表 8-33　标准型弹簧垫圈（GB/T 93—1987）　　　　/mm

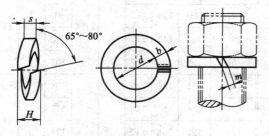

标记示例：

规格 16mm，材料为 65Mn，表面氧化的标准型弹簧垫圈的标记为：

垫圈　GB/T 93　16

规格（螺纹大径）	5	6	8	10	12	(14)	16	(18)	20	(22)	24	(27)	30
d　min	5.1	6.1	8.1	10.2	12.2	14.2	16.2	18.2	20.2	22.5	24.5	27.5	30.5

表 8-34　圆螺母用止动垫圈（GB/T 858—1988）　　　/mm

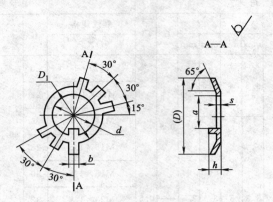

标记示例:

规格 16mm,材料为 Q235,经退火表面氧化的圆螺母用止动垫圈:

垫圈　GB/T 858—1988　16

规格(螺纹大径)	d	(D)	D₁	s	b	a	h	轴端		规格(螺纹大径)	d	(D)	D₁	s	b	a	h	轴端	
								b₁	t									b₁	t
14	14.5	32	30	1	3.8	11	3	4	10	55①	56	82	67	1.5	7.7	52	6	8	—
16	16.5	34	22		4.8	13			12	56	57	90	74			53			52
18	18.5	35	24			15			14	60	61	94	79			57			56
20	20.5	38	27			17	4	5	16	64	65	100	84			61			60
22	22.5	42	30			19			18	65①	66	100	84			62			—
24	24.5	45	24			21			20	68	69	105	88			65			64
25①	25.5	45	34			22			—	72	73	110	93		9.6	69		10	68
27	27.5	48	37			24			23	75①	76	110	93			71			—
30	30.5	52	40			27			26	76	77	115	98			72			70
33	33.5	56	43			30			29	80	81	120	103			76			74
35①	35.5	56	43			32			—	85	86	125	108			81			79
36	36.5	60	46			33			32	90	91	130	112			86			84
39	39.5	62	49	1.5	5.7	36	5		35	95	96	135	117	2	11.6	91	7	12	89
40①	40.5	62	49			37			—	100①	101	140	122			96			94
42	42.5	66	53			39			38	105	106	145	127			101			99
45	45.5	72	59			42			41	110	111	156	135			106			104
48	48.5	76	61			45			44	115	116	160	140		13.5	111		14	109
50①	50.5	76	61		7.7	47	6	6	—	120	121	166	145			116			114
52	52.5	82	67			49			48	125	126	170	150			121			119

① 仅用于滚动轴承锁紧装置。

表 8-35 螺钉紧固轴端挡圈（GB/T 891—1986）和螺栓紧固轴端挡圈（GB/T 892—1986）

/mm

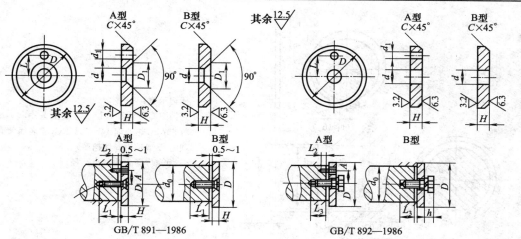

GB/T 891—1986   GB/T 892—1986

标记示例：

公称直径 D＝45mm，材料为 Q235A，不经表面处理的 A 型螺栓紧固轴端挡圈：

挡圈 GB/T 892—1986 45

按 B 型制造时，应加标记 B：

挡圈 GB/T 892—1986 B45

轴径 d_0 ≤	公称直径 D	H		L		d	d_1	D_1	C	螺栓 GB/T 5781—2000 （推荐）	螺钉 GB/T 819.1—2000 （推荐）	圆柱销 GB/T 119—2000 （推荐）	垫圈 GB/T 93—1987 （推荐）	安装尺寸			
		基本尺寸	极限偏差	基本尺寸	极限偏差									L_1	L_2	L_3	h
20	28	4		7.5		5.5	2.1	11	0.5	M5×16	M5×12	A2×10	5	14	6	16	5.1
22	30	4		7.5													
25	32	5		10	±0.11												
28	35	5		10													
30	38	5		10		6.6	3.2	13	1	M6×20	M6×16	A3×12	6	18	7	20	6
32	40	5		12													
35	45	5	0 −0.30	12													
40	50	5		12	±0.135												
45	55	6		16													
50	60	6		16													
55	65	6		16		9	4.2	17	1.5	M8×25	M8×20	A4×14	8	22	8	24	8
60	70	6		20													
65	75	6		20	±0.165												
70	80	6		20													
75	90	8	0 −0.36	25		1.3	5.2	25	2	M12×30	M12×25	A5×6	12	26	10	28	1.5
85	100	8		25													

注：1. 当挡圈安装在带螺纹孔的轴端时，紧固用螺栓允许加长。

2. GB/T 891—1986 的标记同 GB/T 892—1986。

3. 材料为 Q235、35 钢和 45 钢。

表 8-36　轴用弹性挡圈—A 型（GB/T 864.1—1986）　　　　/mm

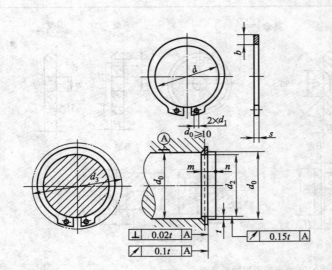

标记示例：

挡圈 GB/T 894.1　50（轴径 $d_0 = 50$mm，材料 65Mn，热处理 44～51HRC，经表面氧化处理的 A 型轴用弹性挡圈）

d_3 为允许套入的最小孔径

轴径	挡 圈				沟槽（推荐）			孔	轴径	挡 圈				沟槽（推荐）			孔
d_0	d	s	$b\approx$	d_1	d_2	m	$n\geqslant$	$d_3\geqslant$	d_0	d	s	$b\approx$	d_1	d_2	m	$n\geqslant$	$d_3\geqslant$
18	16.5		2.48	1.7	17			27	50	45.8				47			64.8
19	17.5		2.48		18			28	52	47.8		5.48		49			67
20	18.5	1			19	1.1	1.5	29	55	50.8				52			70.4
21	19.5		2.68		20			31	56	51.8	2			53	2.2		71.7
22	20.5				21			32	58	53.8				55			73.6
24	22.2				22.9			34	60	55.8				57			75.8
25	23.2		3.32	2	23.9		1.7	35	62	57.8		6.12		59			79
26	24.2				24.9			36	63	58.8				60		4.5	79.6
28	25.9	1.2	3.60		26.6	1.3		38.4	65	60.8				62			81.6
29	26.9		3.72		27.6		2.1	39.8	68	63.5			3	65			85
30	27.9				28.6			42	70	65.5				67			87.2
32	29.6		3.92		30.3			44	72	67.5		6.32		69			89.4
34	31.5		4.32		32.3		2.6	46	75	70.5				72			92.8
35	32.2				33			48	78	73.5				75			96.2
36	33.2		4.52	2.5	34			49	80	74.5	2.5			76.5	2.7		98.2
37	34.2				35		3	50	82	76.5				78.5			101
38	35.2	1.5			36	1.7		51	85	79.5		7.0		81.5			104
40	36.5				37.5			53	88	82.5				84.5		5.3	107.3
42	38.5		5.0		39.5			56	90	84.5		7.6		86.5			110
45	41.6				42.5		3.8	59.4	95	89.5		9.2		91.5			115
48	43.5				45.5			62.8	100	94.5		9.2		96.5			121

表 8-37　孔用弹性挡圈—A 型（GB/T 893.1—1986）　　　/mm

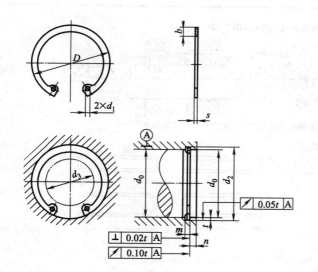

标记示例:

挡圈　GB/T 893.1　50（孔径 $d_0 =$ 50mm,材料 65Mn,热处理硬度 44～51HRC,经表面氧化处理的 A 型孔用弹性挡圈）

d_3 为允许套入的最大轴径

孔径	挡圈				沟槽（推荐）			轴	孔径	挡圈				沟槽（推荐）			轴
d_0	D	s	$b\approx$	d_1	d_2	m	$n\geqslant$	$d_3\leqslant$	d_0	D	s	$b\approx$	d_1	d_2	m	$n\geqslant$	$d_3\leqslant$
30	32.1	1.2	3.2		31.4	1.3	2.1	18	65	69.2		5.2		68			48
31	33.4				32.7			19	68	72.5				71			50
32	34.4				33.7		2.6	20	70	74.5		5.7		73	4.5		53
34	36.5			2.5	35.7			22	72	76.5				75			55
35	37.8				37			23	75	79.5				78			56
36	38.8		3.6		38		3	24	78	82.5		6.3		81			60
37	39.8				39			25	80	85.5				83.5			63
38	40.8	1.5			40	1.7		26	82	87.5	2.5	6.8	3	85.5	2.7		65
40	43.5		4		42.5			27	85	90.5				88.5			68
42	45.5				44.5		3.8	29	88	93.5		7.3		91.5			70
45	48.5		4.7	3	47.5			31	90	95.5				93.5		5.3	72
47	50.5				49.5			32	92	97.5				95.5			73
48	51.5	1.5			50.5	1.7	3.8	33	95	100.5		7.7		98.5			75
50	54.2		4.7		53			36	98	103.5				101.5			78
52	56.2				55			38	100	105.5				103.5			80
55	59.2				58			40	102	108		8.1		106			82
56	60.2		3		59		4.5	41	105	112				109			83
58	62.2	2			61	2.2		43	108	115				112			86
60	64.2		5.2		63			44	110	117	3	8.8	4	114	3.2	6	88
62	66.2				65			45	112	119		9.3		116			89
63	67.2				66			46									

8.3.2 键连接

表 8-38 普通平键的形式和尺寸（GB/T 1095—2003、GB/T 1096—2003）　　/mm

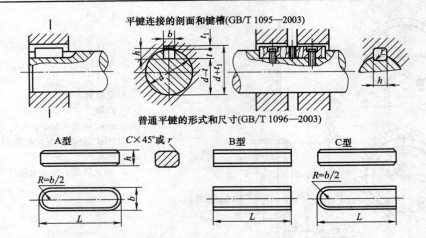

标记示例：

圆头普通平键（A 型）$b=16mm$、$h=10mm$、$L=100mm$：键 16×100　GB/T 1096—2003

平头普通平键（B 型）$b=16mm$、$h=10mm$、$L=100mm$：键 B16×100　GB/T 1096—2003

单圆头普通平键（C 型）$b=16mm$、$h=10mm$、$L=100mm$：键 C16×100　GB/T 1096—2003

轴		键	键　槽										
公称直径 d		公称尺寸 $b\times h$	宽度 b 的极限偏差					深　度				半径 r	
			较松键连接		一般键连接		较紧键连接	轴 t		毂 t_1			
大于	至		轴 H9	毂 D10	轴 N9	毂 Js9	轴和毂 P9	公称尺寸	极限偏差	公称尺寸	极限偏差	最小	最大
12	17	5×5	+0.030 0	+0.078 0.030	0 −0.030	±0.015	−0.012 −0.042	3.0	+0.1 0	2.3	+0.1 0	0.16	0.25
17	22	6×6						3.5		2.8			
22	30	8×7	+0.036 0	+0.098 +0.040	0 0.036	±0.018	−0.015 −0.051	4.0		3.3			
30	38	10×8						5.0		3.3			
38	44	12×8	+0.043 0	+0.120 +0.050	0 −0.043	±0.0215	−0.018 −0.061	5.0	+0.2 0	3.3	+0.2 0	0.25	0.40
44	50	14×9						5.5		3.8			
50	58	16×10						6.0		4.3			
58	65	18×11						7.0		4.4			
65	75	20×12	+0.052 0	+0.149 0.065	0 −0.052	±0.026	−0.022 −0.074	7.5		4.9		0.40	0.60
75	85	22×14						9.0		5.4			
85	95	25×14						9.0		5.4			
95	110	28×16						10.0		6.4			
键的长度系列		14,16,18,20,22,25,28,32,36,40,45,50,56,63,70,80,90,100,110,125,140,160,180,200,250,280, 320,360												

注：1. 在工作图中，轴槽深用 t 或 $d-t$ 标注，轮毂槽深用 $d+t_1$ 标注。

2. $d-t$ 和 $d+t_1$ 两组组合尺寸的极限偏差按相应的 t 和 t_1 极限偏差选取，但 $d-t$ 极限偏差值应取负号（—）。

3. 键长 L 公差为 h14；宽 b 公差为 h9；高 h 公差为 h11。

4. 轴槽、轮毂槽的键槽宽度 b 两侧面的表面粗糙度参数 R_a 值推荐为 1.6～3.2μm；轴槽底面、轮毂槽底面的表面粗糙度参数 R_a 值为 6.3μm。

表 8-39　圆柱销（GB/T 119—2000）和圆锥销（摘自 GB/T 117—2000）　　/mm

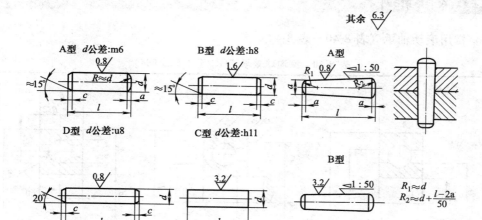

标记示例：

公称直径 d＝8mm、长度 l＝30mm、材料为 35 钢、热处理硬度 28～38HRC、表面氧化处理的 A 型圆柱销：

销 GB/T 119—2000　A8×30

公称直径 d＝10mm、长度 l＝60mm、材料为 35 钢、热处理硬度 28～38HRC、表面氧化处理的 A 型圆锥销：

销 GB/T 117—2000　A10×60

	公称		2	3	4	5	6	8	10	12	16	20	25	30
d	圆柱销	A 型	min	2.002	3.002	4.004	5.004	6.004	8.006	10.006	12.007	16.007	20.008	25.008	30.008
			max	2.008	3.008	4.012	5.012	6.012	7.015	10.015	12.018	16.018	20.021	25.021	30.021
		B 型	min	1.986	2.986	3.982	4.982	5.982	8.978	9.978	11.973	15.973	19.967	24.967	29.967
			max	2	3	4	5	6	8	10	12	16	20	25	35
		C 型	min	1.94	2.94	3.925	4.925	5.925	7.91	9.91	11.89	15.89	19.87	24.87	29.87
			max	2	3	4	5	6	8	10	12	16	20	25	30
		D 型	min	2.018	3.018	4.023	5.023	6.023	8.028	10.028	12.033	16.033	20.041	25.048	30.048
			max	2.032	3.032	4.041	5.041	6.041	8.050	10.050	12.06	16.06	20.074	25.081	30.081
	圆锥销		min	1.96	2.96	3.95	4.95	5.95	7.94	9.94	11.93	15.93	19.92	24.92	29.92
			max	2	3	4	5	6	8	10	12	16	20	25	30
	$a\approx$			0.25	0.40	0.5	0.63	0.80	1.0	1.2	1.6	2.0	2.5	3.0	4.0
	$c\approx$			0.35	0.50	0.63	0.80	1.2	1.6	2.0	2.5	3.0	3.5	4.0	5.0
l 商品规格范围	圆柱销			6～20	8～28	8～35	10～50	12～60	14～80	16～95	22～140	26～180	35～800	50～200	60～200
	圆锥销			10～35	12～45	14～55	18～60	22～90	22～120	26～260	32～180	40～200	45～200	50～200	55～200
l 系列公称				6,8,12,14,16,18,20,22,24,26,28,30,32,35～100(10 进位),120,140,160,180,200											

注：材料为 35、45 钢；热处理硬度为 28～38HRC、38～46HRC。

8.4 滚动轴承

（1）常用滚动轴承（表 8-40～表 8-44）

表 8-40 深沟球轴承（GB/T 276—1994）

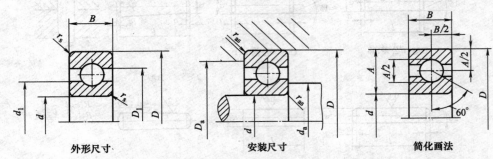

外形尺寸　　　　　　　　安装尺寸　　　　　　　　简化画法

标记示例：滚动轴承 6208　GB/T 276

$\dfrac{F_a}{C_0}$	当量动负荷 $P_c = XF_r + YF_a$					当量静负荷 F_{0r}	
	$F_a/F_r \leqslant e$		$F_a/F_r > e$		e	$F_a/F_r \leqslant 0.8$	$F_a/F_r > 0.8$
	X	Y	X	Y			
0.025	1	0	0.56	2.0	0.22		
0.04	1	0	0.56	1.8	0.24		
0.07	1	0	0.56	1.6	0.27	$F_{0r} = F_r$	$F_{0r} = 0.6F_r + 0.5F_a$
0.13	1	0	0.56	1.4	0.31		
0.25	1	0	0.56	1.2	0.37		
0.50	1	0	0.56	1.0	0.44		

轴承代号	基本尺寸/mm			其他尺寸/mm			安装尺寸/mm			基本额定负荷		极限转速/r·min⁻¹	
	d	D	B	$d_1 \approx$	$D_1 \approx$	r_s (min)	d_a (min)	D_a (max)	r_{as} (max)	C_r/kN	C_{0r}/kN	脂润滑	油润滑
0 系列													
6004	20	42	12	26.9	35.1	0.6	25	37	0.6	9.38	5.02	15000	19000
6005	25	47	12	31.8	40.2	0.6	30	42	0.6	10.0	5.85	13000	17000
6006	30	55	13	38.4	47.7	1	36	49	1	13.2	8.3	10000	14000
6007	35	62	14	43.4	53.7	1	41	56	1	16.2	10.5	9000	12000
6008	40	68	15	48.8	59.2	1	46	62	1	17.0	11.8	8500	11000
6009	45	75	16	54.2	65.9	1	51	69	1	21.0	14.8	8000	10000
6010	50	80	16	59.2	70.9	1	56	74	1	22.0	16.2	7000	9000
6011	55	90	18	66.5	79	1.1	62	83	1	30.2	21.8	6300	8000
6012	60	95	18	71.9	85.7	1.1	67	88	1	31.5	24.2	6000	7500
6013	65	100	18	75.3	89.1	1.1	72	93	1	32.0	24.8	5600	7000
6014	70	110	20	82	98	1.1	77	103	1	38.5	30.5	5300	6700
6015	75	115	20	88.6	104	1.1	82	108	1	40.2	33.2	5000	6300
6016	80	125	22	95.9	112.8	1.1	87	118	1	47.5	39.8	4800	6000
6017	85	130	22	100.1	117.6	1.1	92	123	1	50.8	42.8	4500	5600
6018	90	140	24	107.2	126.8	1.5	99	131	1.5	53	49.8	4300	5300
6019	95	145	24	110.2	129.8	1.5	104	136	1.5	57.8	50	4000	5000
6020	100	150	24	114.6	135.4	1.5	109	141	1.5	64.5	56.2	3800	4800

续表

轴承代号	基本尺寸/mm			其他尺寸/mm			安装尺寸/mm			基本额定负荷		极限转速/r·min⁻¹	
	d	D	B	$d_1\approx$	$D_1\approx$	r_s (min)	d_a (min)	D_a (max)	r_{as} (max)	C_r/kN	C_{0r}/kN	脂润滑	油润滑
2 系列													
6204	20	47	14	29.3	39.7	1	26	41	1	12.8	6.65	14000	18000
6205	25	52	15	33.8	44.2	1	31	46	1	14.0	7.88	12000	16000
6206	30	62	16	40.8	52.2	1	36	56	1	19.5	11.5	9500	13000
6207	35	72	17	46,8	60.2	1.1	42	65	1	25.5	15.2	8500	11000
6208	40	80	18	52.8	67.2	1.1	47	73	1	29.5	18.0	8000	10000
6209	45	85	19	58.8	73.2	1.1	52	78	1	31.5	20.5	7000	9000
6210	50	90	20	62.4	77.6	1.1	57	83	1	35.0	23.2	6700	8500
6211	55	100	21	68.9	86.1	1.5	64	91	1.5	43.2	29.2	6000	7500
6212	60	110	22	76	94.1	1.5	69	101	1.5	47.8	32.8	5600	7000
6213	65	120	23	82.5	102.5	1.5	74	111	1.5	57.2	40.0	5000	6300
6214	70	125	24	89	109	1.5	79	116	1.5	60.8	45.0	4800	6000
6215	75	130	25	94	115	1.5	84	121	1.5	66.0	49.5	4500	5600
6216	80	140	26	100	122	r_s	90	130	2	71.5	54.2	4300	5300
6217	85	150	28	107.1	130.9	2	95	140	2	83.2	63.8	4000	5000
6218	90	160	30	111.7	138.4	2	100	150	2	95.8	71.5	3800	4800
6219	95	170	32	118.1	146.9	2.1	107	158	2.1	110	82.8	3600	4500
6220	100	180	34	124.8	155.3	2.1	112	168	2.1	122	92.8	3400	4300
3 系列													
6304	20	52	15	29.8	42.2	1.1	27	45	1	15.8	7.88	13000	17000
6305	25	62	17	36	51	1.1	32	55	1	22.2	11.5	10000	14000
6306	30	72	19	44.8	59.2	1.1	37	65	1	27.0	15.2	9000	12000
6307	35	80	21	50.4	66.6	1.5	44	71	1.5	33.2	19.2	8000	10000
6308	40	90	23	56.5	74.6	1.5	48	81	1,5	40;8	24.0	7000	9000
6309	45	100	25	63	84	1.5	54	91	1.5	52.8	31.8	6300	8000
6310	50	110	27	69.1	91.9	2	60	100	2	61.8	38.0	6000	7500
6311	55	120	29	76.1	100.9	2	65	110	2	71.5	44.8	5800	6700
6312	60	130	31	81.7	108.4	2.1	72	118	2.1	81.8	51.8	5600	6300
6313	65	140	33	88.1	116.9	2.1	77	128	2.1	93.8	60.5	4500	5600
6314	70	150	35	94.8	125.3	2.1	82	138	2.1	105	68.0	4300	5300
6315	75	160	37	101.3	133.7	2.1	87	148	2.1	112	76.8	4000	5000
6316	80	170	39	107.9	142.2	2.1	92	158	2.1	122	86.5	3800	4800
6317	85	180	41	114.4	150.6	3	99	166	2.5	132	96.5	3600	4500
6318	90	190	43	120.8	159.2	3	104	176	2.5	145	108	3400	4300
6319	95	200	45	127.1	167.9	3	109	186	2.5	155	122	3200	4000
6320	100	215	47	135.6	179.4	3	114	201	2.5	172	140	2800	3600

表 8-41　角接触球轴承（GB/T 292—1994）

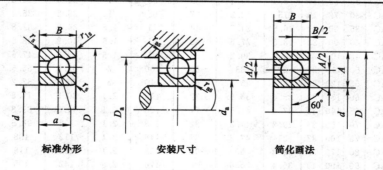

标准外形　　　安装尺寸　　　简化画法

标记示例：滚动轴承　7208C　GB/T 292

70000C 型（$\alpha=15°$）	70000AC 型（$\alpha=25°$）

F_a/C_{0r}	e	Y	70000C 型（$\alpha=15°$）	70000AC 型（$\alpha=25°$）
0.015	0.38	1.47	径向当量动负荷	径向当量动负荷
0.029	0.40	1.40	当 $F_a/F_r\leqslant e,P_r=F_r$	当 $F_a/F_r\leqslant 0.68,P_r=F_r$
0.058	0.43	1.30	当 $F_a/F_r>e,P_r=0.44F_r+YF_a$	当 $F_a/F_r>0.68,P_r=0.41F_r+0.87F_a$
0.087	0.46	1.23		
0.12	0.47	1.19		
0.17	0.50	1.12		
0.29	0.55	1.02	径向当量静负荷	径向当量静负荷
0.44	0.56	1.00	$P_{0r}=0.5F_r+0.46F_a$	$P_{0r}=0.5F_r+0.38F_a$
0.58	0.56	1.00		

轴承代号		基本尺寸/mm			a		安装尺寸/mm			基本额定动负荷 C_r/kN		额定静负荷 C_{0r}/kN	
		d	D	B	7000C	7000AC	d_a (min)	D_a (max)	r_{as} (max)	70000C	70000AC	70000C	70000AC
2 系列													
7204C	7204AC	20	47	14	11.5	14.9	26	41	1	14.5	14.0	8.22	7.82
7205C	7205AC	25	52	15	12.7	16.4	31	46	1	16.5	15.8	10.5	9.88
7206C	7206AC	30	62	16	14.2	18.7	36	56	1	23.0	22.0	15.0	14.2
7207C	7207AC	35	72	17	15.7	21	42	65	1	30.5	29.0	20.0	19.2
7208C	7208AC	40	80	18	17	23	47	73	1	36.8	35.2	25.8	24.5
7209C	7209AC	45	85	19	18.2	24.7	52	78	1	38.5	36.8	28.5	27.2
7210C	7210AC	50	90	20	19.4	26.3	57	83	1	42.8	40.8	32.0	30.5
7211C	7211AC	55	100	21	20.9	28.6	64	91	1.5	52.8	50.5	40.5	38.5
7212C	7212AC	60	110	22	22.4	30.8	69	101	1.5	61.0	58.2	48.5	46.2
7213C	7213AC	65	120	23	24.2	33.5	74.4	111	1.5	69.8	66.5	55.2	52.5
7214C	7214AC	70	125	24	25.3	35.1	79	116	1.5	70.2	69.2	60.0	57.5
7215C	7215AC	75	130	25	26.4	36.6	84	121	1.5	79.2	75.2	65.8	63.0
7216C	7216AC	80	140	26	27.7	38.9	90	130	2	89.5	85.0	78.2	74.5
7217C	7217AC	85	150	28	29.9	41.6	95	140	2	99.8	94.8	85.0	81.5
7218C	7218AC	90	160	30	31.7	44.2	100	150	2	122	118	105	100
7219C	7219AC	95	170	32	33.8	46.9	107	158	2.1	135	128	115	108
7220C	7220AC	100	180	34	35.8	49.7	112	168	2.1	148	142	128	122
3 系列													
7302C	7302AC	15	42	13	9.6	13.5	21	36	1	9.38	9.08	5.95	5.58
7303C	7303AC	17	47	14	10.4	14.8	23	41	1	12.8	11.5	8.62	7.08
7304C	7304AC	20	52	15	11.3	16.3	27	45	1	14.2	13.8	9.68	9.10
7305C	7305AC	25	62	17	13.1	19.1	32	55	1	21.5	20.8	15.8	14.8
7306C	7306AC	30	72	19	15	22.2	37	65	1	26.2	25.2	19.8	18.5
7307C	7307AC	35	80	21	16.6	24.5	44	71	1.5	34.2	32.8	26.8	24.8
7308C	7308AC	40	90	23	18.5	27.5	49	81	1.5	40.2	38.5	32.3	30.5
7309C	7309AC	45	100	25	20.2	30.2	54	91	1.5	49.2	47.5	39.8	37.2
7310C	7310AC	50	110	27	22	33	60	100	2	53.2	55.5	47.2	44.5
7311C	7311AC	55	120	29	23.8	35.8	65	110	2	70.5	67.2	60.5	56.8
7312C	7312AC	60	130	31	25.6	38.9	72	118	2.1	80.5	77.8	70.2	65.8
7313C	7313AC	65	140	33	27.4	41.5	77	128	2.1	91.8	89.8	80.5	75.5
7314C	7314AC	70	150	35	29.2	44.3	82	138	2.1	102	98.5	91.5	86.0
7315C	7315AC	75	160	37	31	47.2	87	148	2.1	112	108	105	97.0
7316C	7316AC	80	170	39	32.8	50	92	158	2.1	122	118	118	108
7318C	7318AC	90	190	43	36.4	55.6	104	176	2.5	142	135	142	135
7320C	7320AC	100	215	47	40.2	61.9	114	201	2.5	162	165	175	178

续表

轴承代号	基本尺寸/mm					安装尺寸/mm			基本额定动负荷 C_r/kN		额定静负荷 C_{0r}/kN	
	d	D	B	a		d_a (min)	D_a (max)	r_{as} (max)	70000C	70000AC	70000C	70000AC
				7000C	7000AC							
4 系列												
7406AC	30	90	23		26.1	39	81	1		42.5		32.2
7407AC	35	100	25		29	44	91	1.5		53.8		42.5
7408AC	40	110	27		34.6	50	100	2		62.0		49.5
7409AC	45	120	29		38.7	55	110	2		66.8		52.8
7410AC	50	130	31		37.4	62	118	2.1		76.5		64.2
7412AC	60	150	35		43.1	72	138	2.1		102		90.8
7414AC	70	180	42		51.5	84	166	2.5		125		125
7416AC	80	200	48		58.1	94	186	2.5		152		162
7418AC	90	215	54		64.8	108	197	3		178		205

表 8-42　圆锥滚子轴承（GB/T 297—1994）

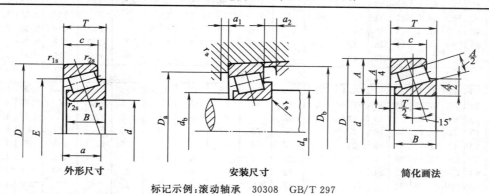

外形尺寸　　　　　　　　安装尺寸　　　　　　　　简化画法

标记示例:滚动轴承　30308　GB/T 297

径向当量动负荷	当 $F_a/F_r \leqslant e$ 时，$P_r = F_r$；当 $F_a/F_r > e$ 时，$P_r = 0.4F_r + YF_a$
径向当量静负荷	取下列两式计算出的大值：$P_{0r} = 0.5F_r + Y_0 F_0$，$F_{0r} = F_r$

轴承代号	基本尺寸/mm						安装尺寸/mm							基本额定负荷		计算系数		
	d	D	T	B	c	a $\approx$	d_a (min)	d_b (max)	D_a (max)	D_b (min)	a_1 (min)	a_2 (min)	r_a (max)	C_r/kN	C_{0r}/kN	e	Y	Y_0
02 系列																		
30204	20	47	15.25	14	12	11.2	26	27	41	43	2	3.5	1	28.2	30.5	0.35	1.7	1
30205	25	52	16.25	15	13	12.6	31	31	46	48	2	3.5	1	32.2	37	0.37	1.6	0.9
30206	30	62	17.25	16	14	13.8	36	37	56	58	2	3,5	1	43.2	50.5	0.37	1.6	0.9
30207	35	72	18.25	17	15	15.3	42	44	65	67	3	3.5	1.5	54.2	63.5	0.37	1.6	0.9
30208	40	80	19.75	18	16	16.9	47	49	73	75	3	4	1.5	63.0	74.0	0.37	1.6	0.9
30209	45	85	20.75	19	16	18.6	52	53	78	80	3	5	1.5	67.8	83.5	0.4	1.5	0.8
30210	50	90	21.75	20	17	20	57	58	83	86	3	5	1.5	73.2	92.0	0.42	1.4	0.8
30211	55	100	22.75	21	18	21	64	64	91	95	4	5	2	90.8	115	0.4	1.5	0.8
30212	60	110	23.75	22	19	22.4	69	69	101	103	4	5	2	102	130	0.4	1.5	0.8
30213	65	120	24.71	23	20	24	74	77	111	114	4	5	2	120	152	0.4	1.5	0.8
30214	70	125	26.25	24	21	25.9	79	81	116	119	4	5.5	2	132	175	0.42	1.4	0.8
30215	75	130	27.25	25	22	27.4	84	85	121	125	4	5.5	2	138	185	0.44	1.4	0.8
30216	80	140	28.25	26	22	28	90	90	130	133	4	6	2.1	160	212	0.42	1.4	0.8
30217	85	150	30.5	28	24	29.9	95	96	140	142	5	6.5	2.1	178	238	0.42	1.4	0.8
30218	90	160	32.5	30	26	32.4	100	102	150	151	5	6.5	2.1	200	270	0.42	1.4	0.8
30219	95	170	34.5	32	27	35.1	'07	108	158	160	5	7.5	2.5	228	308	0.42	1.4	0.8
30220	100	180	37	34	29	36.5	112	114	168	169	5	8	2.5	255	350	0.42	1.4	0.8

续表

轴承代号	基本尺寸/mm						安装尺寸/mm							基本额定负荷		计算系数		
	d	D	T	B	c	a ≈	d_a (min)	d_b (max)	D_a (max)	D_b (min)	a_1 (min)	a_2 (min)	r_a (max)	C_r/kN	C_{0r}/kN	e	Y	Y_0
03 系列																		
30304	20	52	16.25	15	13	11	27	28	45	48	3	3.5	1.5	33.0	33.2	0.3	2	1.1
30305	25	62	18.25	17	15	13	32	34	55	58	3	3.5	1.5	46.8	48.0	0.3	2	1.1
30306	30	72	20.75	19	16	15	37	40	65	66	3	5	1.5	59.0	63.0	0.31	1.9	1
30307	35	80	22.75	21	18	17	44	45	71	74	3	5	2	75.2	82.5	0.31	1.9	1
30308	40	90	25.25	23	20	19.5	49	52	81	84	3	5.5	2	90.8	108	0.35	1.7	1
30309	45	100	27.75	25	22	21.5	54	59	91	94	3	5.5	2	108	130	0.35	1.7	1
30310	50	110	29.25	27	23	23	60	65	100	103	4	6.5	2.1	130	158	0.35	1.7	1
30311	55	120	31.5	29	25	25	65	70	110	112	4	6.5	2.1	152	188	0.35	1.7	1
30312	60	130	33.5	31	26	26.5	72	76	118	121	5	7.5	2.5	170	210	0.35	1.7	1
30313	65	140	36	33	28	29	77	83	128	131	5	8	2.5	195	242	0.35	1.7	1
30314	70	150	38	35	30	30.6	82	89	138	141	5	8	2.5	218	272	0.35	1.7	1
30315	75	160	40	37	31	32	87	95	148	150	5	9	2.5	252	318	0.35	1.7	1
30316	80	170	42.5	39	33	34	92	102	158	160	5	9.5	2.5	278	352	0.35	1.7	1
30317	85	180	44.5	41	34	36	99	107	166	168	6	10.5	3	305	388	0.35	1.7	1
30318	90	190	46.5	43	36	37.5	104	113	176	178	6	10.5	3	342	440	0.35	1.7	0.8
30319	95	200	49.5	45	38	40	109	118	186	185	6	11.5	3	370	478	0.35	1.7	1
30320	100	215	51.5	47	39	42	114	127	201	199	6	12.5	3	405	525	0.35	1.7	1
22 系列																		
32206	30	62	21.5	20	17	15.4	36	36	56	58	3	4.5	1	51.8	63.8	0.37	1.6	0.9
32207	35	72	24.25	23	19	17.6	42	42	65	68	3	5.5	1.5	70.5	89.5	0.37	1.6	0.9
32208	40	80	24.75	23	19	19	47	48	73	75	3	6	1.5	77.8	97.2	0.37	1.6	0.9
32209	45	85	24.75	23	19	20	52	53	78	81	3	6	1.5	80.8	105	4	1.5	0.8
32210	50	90	24.75	23	19	21	57	57	83	86	3	6	1.5	82.8	108	42	1.4	0.8
32211	55	100	26.75	25	21	22.5	64	62	91	96	4	6	2	108	142		1.5	0.8
32212	60	110	29.75	28	24	24.9	69	68	101	105	4	6	2	132	180	0.4	1.5	0.8
32213	65	120	32.75	31	27	27.2	74	75	111	115	4	6	2	160	222	0.4	1.5	0.8
32214	70	125	33.25	31	27	28.6	79	79	116	120	4	6.5	2	168	238	0.42	1.4	0.8
32215	75	130	33.25	31	27	30.2	84	84	121	126	4	6.5	2	170	242	0.44	1.4	0.8
32216	80	140	35.25	33	28	31.3	90	89	130	135	5	7.5	2.1	198	278	0.42	1.4	0.8
32217	85	150	38.5	36	30	34	95	95	140	143	5	8.5	2.1	215	355	0.42	1.4	0.8
32218	90	160	42.5	40	34	36.7	100	101	150	153	5	8.5	2.1	270	395	0.42	1.4	0.8
32219	95	170	45.5	43	37	39	107	106	158	163	5	8.5	2.5	302	448	0.42	1.4	0.8
32220	100	180	49	46	39	41.8	112	113	168	172	5	10	2.5	340	512	0.42	1.4	0.8
23 系列																		
32304	20	52	22.52	21	18	13.4	27	28	45	48	3	4.5	1.5	42.8	46.2	0.3	2	1.1
32305	25	62	25.25	24	20	14.0	32	32	55	58	3	5.5	1.5	61.5	68.8	0.3	2	1.1
32306	30	72	28.75	27	23	18.8	37	38	65	66	4	6	1.5	81.5	96.5	0.31	1.9	1
32307	35	80	32.75	31	25	20.5	44	43	71	74	4	8.5	2	99.0	118	0.31	1.9	1
32308	40	90	35.25	33	27	23.4	49	49	81	83	4	8.5	2	115	148	0.35	1.7	1
32309	45	100	38.25	36	30	25.6	54	56	91	93	4	8.5	2	145	188	0.35	1.7	1
32310	50	110	42.25	40	33	28	60	61	100	102	5	9.5	2	178	235	0.35	1.7	1
32311	55	120	45.5	43	35	30.6	65	66	110	111	5	10.5	2.5	202	270	0.35	1.7	1
32312	60	130	48.5	46	37	32	72	72	118	122	6	11.5	2.5	228	302	0.35	1.7	1
32313	65	140	51	48	39	34	77	79	128	131	6	12	2.5	260	350	0.35	1.7	1
32314	70	150	54	51	42	36.5	82	84	138	141	6	12	2.5	298	408	0.35	1.7	1
32315	75	160	58	55	45	39	87	91	148	150	7	13	2.5	348	482	0.35	1.7	1
32316	80	170	61.5	58	48	42	92	97	158	160	7	13.5	2.5	388	542	0.35	1.7	1
32317	85	180	63.5	60	49	43.6	99	102	166	168	8	14.5	3	422	592	0.35	1.7	1
32318	90	190	67.5	64	53	46	104	107	176	178	8	14.5	3	478	682	0.35	1.7	1
32319	95	200	71.5	67	55	49	109	114	186	187	8	16.5	3	515	738	0.35	1.7	1
32320	100	215	77.5	73	60	53	114	122	201	201	8	17.5	3	600	872	0.35	1.7	1

表 8-43　圆柱滚子轴承（GB/T 283—2007）

N000型　　NU000型　　　　　　　安装尺寸　　　　简化画法

标记示例：滚动轴承　N208　GB/T 283

轴承代号		基本尺寸/mm					安装尺寸/mm							基本额定动负荷 C_r/kN	基本额定静负荷 C_{0r}/kN	极限转速 /r·min^{-1}	
		d	D	B	F_W	E_W	D_1	D_2	D_3	D_4	D_5	r_g	r_{g1}			脂润滑	油润滑
轻(2)窄系列																	
N204	NU204	20	47	14	27	40	25	41	42	43.2	26.3	1	0.6	11.8	6.5	12	16
N205	NU205	25	52	15	32	45	30	46	47	48	30	1	0.6	13.5	7.8	10	14
N206	NU206	30	62	16	38.5	53.5	37	54	55	57	37	1	0.6	18.5	11.2	8.5	11
N207	NU207	35	72	17	43.8	61.8	42	64	64	67	42	1	0.6	27.2	17.2	7.5	9.5
N208	NU208	40	80	18	50	70	48	73	72	74	46	1	1	35.8	23.5	7.0	9.0
N209	NU209	45	85	19	55	75	53	79	77	79	53	1	1	37.8	25.2	6.3	8.0
N210	NU210	50	90	20	60.4	80.4	58	83	82	84	58	1	1	41.2	28.5	6.0	7.5
N211	NU211	55	100	21	66.5	88.5	64	91	90	93	64	1.5	1	50.2	35.5	5.3	6.7
N212	NU212	60	110	22	73	97	71	99	99	110	71	1.5	1.5	59.8	43.2	5.0	6.3
N213	NU213	65	120	23	79.5	105.5	77	110	107.6	111	77	1.5	1.5	69.8	51.5	4.5	5.6
N214	NU214	70	125	24	84.5	110.5	82	114	112	117	82	1.5	1.5	69.8	51.5	4.3	5.3
N215	NU215	75	130	25	88.5	118.3	86	122	118	122	86	1.5	1.5	84.8	64.2	4.0	5.0
N216	NU216	80	140	26	95	125	93	127	127	131	93	1.8	1.8	97.5	74.5	3.8	4.8
N217	NU217	85	150	28	101.5	135.5	99	140	135	140	95	1.8	1.8	110	85.8	3.6	4.5
N218	NU218	90	160	30	107	143	105	150	145	150	105	1.8	1.8	135	105	3.4	4.3
N219	NU219	95	170	32	113.5	151.5	111	150	153	159	106	2	2	145	112	3.2	4.0
N220	NU220	100	180	34	120	160	117	168	162	168	112	2	2	160	125	3.0	3.8
中(3)窄系列																	
N304	NU304	20	52	15	28.5	44.5	26	46	46	47.6	26.7	1	0.5	17.2	10.0	11.0	15
N305	NU305	25	62	17	35	53	33	54	55	57	32	1	1	24.2	14.5	9.0	12
N306	NU306	30	72	19	42	62	40	64	64	66	37	1	1	32.0	20.2	8.0	10
N307	NU307	35	80	21	46.2	68.2	44	73	70	73	45	1.5	1	39.0	25.2	7.0	9.0
N308	NU308	40	90	23	53.5	77.5	51	82	80	82	51	1.5	1.5	46.5	30.5	6.3	8.0
N309	NU309	45	100	25	58.5	86.5	56	92	89	92	53	1.5	1.5	63.5	42.8	5.6	7.0
N310	NU310	50	110	27	65	95	63	101	97	101	63	2	2	72.5	49.8	5.3	6.7
N311	NU311	55	120	29	70.5	104.5	68	107	106	111	68	2	2	93.2	65.2	4.8	6.0
N312	NU312	60	130	31	77	113	74	120	115	120	70	2	2	112	79.8	4.5	5.6
N313	NU313	65	140	33	83.5	121.5	81	129	123	129	76	2	2	118	85.2	4.0	5.0
N314	NU314	70	150	35	90	130	87	139	132	139	81	2	2	138	102	3.8	4.8
N315	NU315	75	160	37	95.5	139.5	92	148	142	148	87	2	2	158	118	3.6	4.5
N316	NU316	80	170	39	103	147	100	157	149	157	93	2	2	168	125	3.4	4.3
N317	NU317	85	180	41	108	156	105	166	158	166	98.5	2.5	2.5	202	152	3.2	4.0
N318	NU318	90	190	43	115	165	112	176	167	175	110	2.5	2.5	218	165	3.0	3.8
N319	NU319	95	200	45	121.5	173.5	118	185	176	186	112	2.5	2.5	232	180	2.8	3.6
N320	NU320	100	215	47	129.5	185.5	126	198	187	198	117	2.5	2.5	270	212	2.4	3.2

续表

轴承代号		基本尺寸/mm					安装尺寸/mm							基本额定动负荷 C_r/kN	基本额定静负荷 C_{0r}/kN	极限转速 /r·min⁻¹	
		d	D	B	F_w	E_w	D_1	D_2	D_3	D_4	D_5	r_g	r_{g1}			脂润滑	油润滑
重(4)窄系列																	
N407	NU407	35	100	25	53	83	51	86	85	91	45	1.5	1.5	67.5	45.5	6.0	7.5
N408	NU408	40	110	27	58	92	56	95	94	99	51	2	2	86.2	79.8	5.6	7.0
N409	NU409	45	120	29	64.5	100.5	63	109	102	109	61	2	2	97.0	64.8	5.0	6.3
N410	NU410	50	130	31	70.8	110.8	68	120	113	119	62	2	2	115	80.8	4.8	6.0
H411	NU411	55	140	33	77.2	117.2	75	128	119	128	67	2	2	123	88.0	4.3	5.3
N412	NU412	60	150	35	83	127	80	138	129	138	72	2	2	148	108	4.0	5.0
N413	NU413	65	160	37	89.5	135.3	87	147	137	147	79	2	2	162	118	3.8	4.8
N414	NU414	70	180	42	100	152	97	164	154	164	88	2.5	2.5	205	155	3.4	4.3
H415	NU415	75	190	45	104.5	160.5	101	173	163	173	92	2.5	2.5	238	182	3.2	4.0
N416	NU416	80	200	48	110	170	107	183	172	183	97	2.5	2.5	272	210	3.0	3.8
N417	NU417	85	210	52	113	179.5	112	192	182	192	100	3.0	3.0	298	230	2.8	3.6
N418	NU418	90	225	54	123.5	191.5	120	206	194	206	109	3.0	3.0	335	262	2.4	3.2

表 8-44　调心球轴承 (GB/T 283—2007)

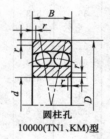

圆柱孔
10000(TN1、KM)型

圆锥孔
10000K(KTN1、KM)型

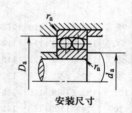

安装尺寸

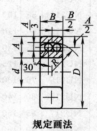

规定画法

标记示例:滚动轴承 1207 GB/T 281

径向当量动载荷	径向当量静载荷
当 $\dfrac{F_a}{F_r}\leqslant e,P_r=F_r+Y_1F_a$ 当 $\dfrac{F_a}{F_r}> e,P_r=0.65F_r+Y_2F_a$	$P_{0r}=F_r+Y_0F_a$

轴承代号	基本尺寸/mm				安装尺寸/mm			计算系数				基本额定动载荷 C_r	基本额定静载荷 C_{0r}	极限转速 /r·min⁻¹		原轴承代号
	d	D	B	r min	d_a max	D_a max	r_a max	e	Y_1	Y_2	Y_0	kN	kN	脂润滑	油润滑	
2 尺寸系列																
1200	10	30	9	0.6	15	25	0.6	0.32	2.0	3.0	2.0	5.48	1.20	24000	28000	1200
1201	12	32	10	0.6	17	27	0.6	0.33	1.9	2.9	2.0	5.55	1.25	22000	26000	1201
1202	15	35	11	0.6	20	30	0.6	0.33	1.9	3.0	2.0	7.48	1.75	18000	22000	1202
1203	17	40	12	0.6	22	35	0.6	0.31	2.0	3.2	2.1	7.90	2.02	16000	20000	1203
1204	20	47	14	1	26	41	1	0.27	2.3	3.6	2.4	9.95	2.65	14000	17000	1204

续表

轴承代号	基本尺寸/mm				安装尺寸/mm			计算系数				基本额定动载荷 C_r	基本额定静载荷 C_{0r}	极限转速 /r·min^{-1}		原轴承代号
	d	D	B	r min	d_a max	D_a max	r_a max	e	Y_1	Y_2	Y_0	kN		脂润滑	油润滑	
2 尺寸系列																
1205	25	52	15	1	31	46	1	0.27	2.3	3.6	2.4	12.0	3.30	12000	14000	1205
1206	30	62	16	1	36	56	1	0.24	2.6	4.0	2.7	15.8	4.70	10000	12000	1206
1207	35	72	17	1.1	42	65	1	0.23	2.7	4.2	2.9	15.8	5.08	8500	10000	1207
1208	40	80	18	1.1	47	73	1	0.22	2.9	4.4	3.0	19.2	6.40	7500	9000	1208
1209	45	85	19	1.1	52	78	1	0.21	2.9	4.6	3.1	21.8	7.32	7100	8500	1209
1210	50	90	20	1.1	57	83	1	0.20	3.1	4.8	3.3	22.8	8.08	6300	8000	1210
1211	55	100	21	1.5	64	91	1.5	0.20	3.2	5.0	3.4	26.8	10.0	6000	7100	1211
1212	60	110	22	1.5	69	101	1.5	0.19	3.4	5.3	3.6	30.2	11.5	5300	6300	1212
1213	65	120	23	1.5	74	111	1.5	0.17	3.7	5.7	3.9	31.0	12.5	4800	6000	1213
1214	70	125	24	1.5	79	116	1.5	0.18	3.5	5.4	3.7	34.5	13.5	4800	5600	1214
1215	75	130	25	1.5	84	121	1.5	0.17	3.6	5.6	3.8	38.8	15.2	4300	5300	1215
1216	80	140	26	2	90	130	2	0.18	3.6	5.5	3.7	39.5	16.6	4000	5000	1216
1217	85	150	28	2	95	140	2	0.17	3.7	5.7	3.9	48.8	20.5	3800	4500	1217
1218	90	160	30	2	100	150	2	0.17	3.8	5.7	4.0	56.5	23.2	3600	4300	1218
1219	95	170	32	2.1	107	158	2.1	0.17	3.7	5.7	3.9	63.5	27.0	3400	4000	1219
1220	100	180	34	2.1	112	168	2.1	0.18	3.5	5.4	3.7	68.5	29.2	3200	3800	1220
3 尺寸系列																
1300	10	35	11	0.6	15	30	0.6	0.33	1.9	3.0	2.0	7.22	1.62	20000	24000	1300
1301	12	37	12	1	18	31	1	0.35	1.8	2.8	1.9	9.42	2.12	18000	22000	1301
1302	15	42	13	1	21	36	1	0.33	1.9	2.9	2.0	9.50	2.28	16000	20000	1302
1303	17	47	14	1	23	41	1	0.33	1.9	3.0	2.0	12.5	3.18	14000	17000	1303
1304	20	52	15	1.1	27	45	1	0.29	2.2	3.4	2.3	12.5	3.38	12000	15000	1304
1305	25	62	17	1.1	32	55	1	0.27	2.3	3.5	2.4	17.8	5.05	10000	13000	1305
1306	30	72	19	1.1	37	65	1	0.26	2.4	3.8	2.6	21.5	6.28	8500	11000	1306
1307	35	80	21	1.5	44	71	1.5	0.25	2.6	4.0	2.7	25.0	7.95	7500	9500	1307
1308	40	90	23	1.5	49	81	1.5	0.24	2.6	4.0	2.7	29.5	9.50	6700	8500	1308
1309	45	100	25	1.5	54	91	1.5	0.25	2.5	3.9	2.6	38.0	12.8	6000	7500	1309
1310	50	110	27	2	60	100	2	0.24	2.7	4.1	2.8	43.2	14.2	5600	6700	1310
1311	55	120	29	2	65	110	2	0.23	2.7	4.1	2.8	51.5	18.2	5000	6300	1311
1312	60	130	31	2.1	72	118	2.1	0.23	2.8	4.3	2.9	57.2	20.8	4500	5600	1312
1313	65	140	33	2.1	77	128	2.1	0.23	2.8	4.3	2.9	61.8	22.8	4300	5300	1313
1314	70	150	35	2.1	82	138	2.1	0.22	2.8	4.4	2.9	74.5	27.5	4000	5000	1314
1315	75	160	37	2.1	87	148	2.1	0.22	2.8	4.4	3.0	79.0	29.8	3800	4500	1315
1316	80	170	39	2.1	92	158	2.1	0.22	2.9	4.5	3.1	88.5	32.8	3600	4300	1316
1317	85	180	41	3	99	166	2.5	0.22	2.9	4.5	3.0	97.8	37.8	3400	4000	1317
1318	90	190	43	3	104	176	2.5	0.22	2.8	4.4	2.9	115	44.5	3200	3800	1318
1319	95	200	45	3	109	186	2.5	0.23	2.8	4.3	2.9	132	50.8	3000	3600	1319
1320	100	215	47	3	114	201	2.5	0.24	2.7	4.1	2.8	142	57.2	2800	3400	1320

轴承代号	基本尺寸/mm				安装尺寸/mm			计算系数				基本额定动载荷 C_r	基本额定静载荷 C_{0r}	极限转速 /r·min^{-1}		原轴承代号
	d	D	B	r min	d_a max	D_a max	r_a max	e	Y_1	Y_2	Y_0	kN		脂润滑	油润滑	
22 尺寸系列																
2200	10	30	14	0.6	15	25	0.6	0.62	1.0	1.6	1.1	7.12	1.58	24000	28000	1500
2201	12	32	14	0.6	17	27	0.6	—	—	—	—	8.80	1.80	22000	26000	1501
2202	15	35	14	0.6	20	30	0.6	0.50	1.3	2.0	1.3	7.65	1.80	18000	22000	1502
2203	17	40	16	0.6	22	35	0.6	0.50	1.2	1.9	1.3	9.00	2.45	16000	20000	1503
2204	20	47	18	1	26	41	1	0.48	1.3	2.0	1.4	12.5	3.28	14000	17000	1504
2205	25	52	18	1	31	46	1	0.41	1.5	2.3	1.5	12.5	3.40	12000	14000	1505
2206	30	62	20	1	36	56	1	0.39	1.6	2.4	1.7	15.2	4.60	10000	12000	1506
2207	35	72	23	1.1	42	65	1	0.38	1.7	2.6	1.8	21.8	6.65	8500	10000	1507
2208	40	80	23	1.1	47	73	1	0.24	1.9	2.9	2.0	22.5	7.38	7500	9000	1508
2209	45	85	23	1.1	52	78	1	0.31	2.1	3.2	2.2	23.2	8.00	7100	8500	1509
2210	50	90	23	1.1	57	83	1	0.29	2.2	3.4	2.3	23.2	8.45	6300	8000	1510
2211	55	100	25	1.5	64	91	1.5	0.28	2.3	3.5	2.4	26.8	9.95	6000	7100	1511
2212	60	110	28	1.5	69	101	1.5	0.28	2.3	3.5	2.4	34.0	12.5	5300	6300	1512
2213	65	120	31	1.5	74	111	1.5	0.28	2.3	3.5	2.4	43.5	16.2	4800	6000	1513
2214	70	125	31	1.5	79	116	1.5	0.27	2.4	3.7	2.5	44.0	17.0	4500	5600	1514
2215	75	130	31	1.5	84	121	1.5	0.25	2.5	3.9	2.6	44.2	18.0	4300	5300	1515
2216	80	140	33	2	90	130	2	0.25	2.5	3.9	2.6	48.8	20.2	4000	5000	1516
2217	85	150	36	2	95	140	2	0.25	2.5	3.8	2.6	58.2	23.5	3800	4500	1517
2218	90	160	40	2	100	150	2	0.27	2.4	3.7	2.5	70.0	28.5	3600	4300	1518
2219	95	170	43	2.1	107	158	2.1	0.26	2.4	3.7	2.5	82.8	33.8	3400	4000	1519
2220	100	180	46	2.1	112	168	2.1	0.27	2.3	3.6	2.5	97.2	40.5	3200	3800	1520
23 尺寸系列																
2300	10	35	17	0.6	15	30	0.6	0.66	0.95	1.5	1.0	11.0	2.45	18000	22000	1600
2301	12	37	17	1	18	31	1	—	—	—	—	12.5	2.72	17000	22000	1601
2302	15	42	17	1	21	36	1	0.51	1.2	1.9	1.3	12.0	2.88	14000	18000	1602
2303	17	47	19	1	23	41	1	0.52	1.2	1.9	1.3	14.5	3.58	13000	16000	1603
2304	20	52	21	1.1	27	45	1	0.51	1.2	1.9	1.3	17.8	4.75	11000	14000	1604
2305	25	62	24	1.1	32	55	1	0.47	1.3	2.1	1.4	24.5	6.48	9500	12000	1605
2306	30	72	27	1.1	37	65	1	0.44	1.4	2.2	1.5	31.5	8.68	8000	10000	1606
2307	35	80	31	1.5	44	71	1.5	0.46	1.4	2.1	1.4	39.2	11.0	7100	9000	1607
2308	40	90	33	1.5	49	81	1.5	0.43	1.5	2.3	1.5	44.8	13.2	6300	8000	1608
2309	45	100	36	1.5	54	91	1.5	0.42	1.5	2.3	1.6	55.0	16.2	5600	7100	1609
2310	50	110	40	2	60	100	2	0.43	1.5	2.3	1.6	64.5	19.8	5000	6300	1610
2311	55	120	43	2	65	110	2	0.41	1.5	2.4	1.6	75.2	23.5	4800	6000	1611
2312	60	130	46	2.1	72	118	2.1	0.41	1.6	2.5	1.6	86.8	27.5	4300	5300	1612
2313	65	140	48	2.1	77	128	2.1	0.38	1.6	2.6	1.7	96.0	32.5	3800	4800	1613
2314	70	150	51	2.1	82	138	2.1	0.38	1.7	2.6	1.8	110	37.5	3600	4500	1614
2315	75	160	55	2.1	87	148	2.1	0.38	1.7	2.6	1.7	122	42.8	3400	4300	1615
2316	80	170	58	2.1	92	158	2.1	0.39	1.6	2.5	1.7	128	45.5	3200	4000	1616
2317	85	180	60	3	99	166	2.5	0.38	1.7	2.6	1.7	140	51.0	3000	3800	1617
2318	90	190	64	3	104	176	2.5	0.39	1.6	2.5	1.7	142	57.0	2800	3600	1618
2319	95	200	67	3	109	186	2.5	0.38	1.7	2.6	1.8	162	64.2	2800	3400	1619
2320	100	215	73	3	114	201	2.5	0.37	1.7	2.6	1.8	192	78.5	2400	3200	1620

（2）滚动轴承的配合（GB/T 275—1993）（表 8-45～表 8-49）

表 8-45　向心轴承载荷的区分

载荷大小	轻载荷	正常载荷	重载荷
$\dfrac{P_r\text{（径向当量动载荷）}}{C_r\text{（径向额定动载荷）}}$	≤0.07	>0.07～0.15	>0.15

表 8-46　安装向心轴承的轴公差带

运转状态		载荷状态	深沟球轴承、调心球轴承和角接触球轴承	圆柱滚子轴承和圆锥滚子轴承	调心滚子轴承	公差带
说明	举例		轴承公称内径/mm			
旋转的内圈载荷及摆动载荷	电气仪表、精密机械、泵、通风机、传送带	轻载荷	≤18 >18～100 >100～200	— ≤40 >40～140	— ≤40 >40～100	h5 j6[1] k6[1]
	一般通用机械、电动机、涡轮机、泵、内燃机变速箱、木工机械	正常载荷	≤18 >18～100 >100～140 >140～200	— ≤40 >40～100 >100～140	— ≤40 >40～65 >65～100	j5、js5 k5[2] m5[2] m6
	铁路车辆和电车的轴箱、牵引电动机、轧机、破碎机等重型机械	重载荷	— —	>50～140 >140～200	>50～100 >100～140	n6 p6[3]
固定的内圈载荷	静止轴上的各种轮子、张紧轮、绳轮、振动筛、惯性振动器	所有载荷	所有尺寸			f6 g6[1] h6 j6
仅有轴向载荷			所有尺寸			j6、js6

① 凡对精度有较高要求场合，应用 j5、k5···代替 j6、k6···
② 圆锥滚子轴承、角接触球轴承配合对游隙影响不大，可用 k6、m6 代替 k5、m5。
③ 重载荷下轴承游隙应选大于 0 组。

表 8-47　安装向心轴承的孔公差带

运转状态		载荷状态	其他状况	公差带[1]	
说明	举例			球轴承	滚子轴承
固定的外圈载荷	一般机械、铁路机车车辆轴箱、电动机、泵、曲轴主轴承	轻、正常、重	轴向易移动，可采用剖分式外壳	H7，G7[2]	
		冲击	轴向能移动，可采用整体或剖分式外壳	J7，Js7	
摆动载荷		轻、正常			
		正常、重		K7	
		冲击		M7	
旋转的外圈载荷	张紧滑轮、轮毂轴承	轻	轴向不移动，采用整体式外壳	J7	K7
		正常		K7，M7	M7，N7
		重		—	N7，P7

① 并列公差带随尺寸的增大从左至右选择，对旋转精度有较高要求时，可相应提高一个公差等级。
② 不适用于剖分式外壳。

表 8-48 轴和外壳孔的形位公差

基本尺寸 /mm		圆柱度 t				端面圆跳动 t_1			
		轴颈		外壳孔		轴肩		外壳孔肩	
		轴承公差等级							
		/P0	/P6(/P6x)	/P0	/P6(/P6x)	/P0	/P6(/P6x)	/P0	/P6(/P6x)
大于	至	公差值/μm							
	6	2.5	1.5	4	2.5	5	3	8	5
6	10	2.5	1.5	4	2.5	6	4	10	6
10	18	3.0	2.0	5	3.0	8	5	12	8
18	30	4.0	2.5	6	4.0	10	6	15	10
30	50	4.0	2.5	7	4.0	12	8	20	12
50	80	5.0	3.0	8	5.0	15	10	25	15
80	120	6.0	4.0	10	6.0	15	10	25	15
120	180	8.0	5.0	12	8.0	20	12	30	20
180	250	10.0	7.0	14	10.0	20	12	30	20
250	315	12.0	8.0	16	12.0	25	15	40	25

表 8-49 配合面的表面粗糙度

轴或轴承座 直径/mm		轴或外壳配合表面直径公差等级								
		IT7			IT6			IT5		
		表面粗糙度/μm								
超过	到	R_z	R_a		R_z	R_a		R_z	R_a	
			磨	车		磨	车		磨	车
	80	10	1.6	3.2	6.3	0.8	1.6	4	0.4	0.8
80	500	16	1.6	3.2	10	1.6	3.2	6.3	0.8	1.6
端面		25	3.2	6.3	25	3.2	6.3	10	1.6	3.2

注：与/P0、/P6 (/P6x) 级公差轴承配合的轴，其公差等级一般为 IT6，外壳孔一般为 IT7。

8.5 联轴器

表 8-50 联轴器轴孔及连接形式与尺寸（GB/T 8352—2008） /mm

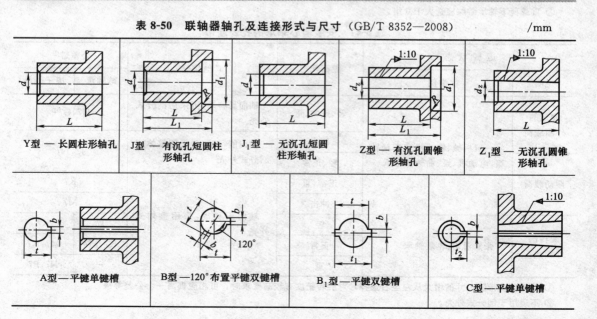

Y型—长圆柱形轴孔　　J型—有沉孔短圆柱形轴孔　　J_1型—无沉孔短圆柱形轴孔　　Z型—有沉孔圆锥形轴孔　　Z_1型—无沉孔圆锥形轴孔

A型—平键单键槽　　B型—120°布置平键双键槽　　B_1型—平键双键槽　　C型—平键单键槽

续表

轴孔及键槽尺寸

直径 D, d_1	轴孔长度 Y型	轴孔长度 J, J_1, Z, Z_1型	沉孔 L_1（J,Z）	沉孔 d_1（J,Z）	A型,B型,B₁型 b	t 公称尺寸	t 极限偏差	t_1 公称尺寸	t_1 极限偏差	C型 b	t_2 公称尺寸	t_2 极限偏差
20	52	38	52	38	6	24.8	+0.1 / 0	27.6	+0.2 / 0	4	10.9	+0.1 / 0
22											11.9	
24	62	44	62	48		27.3		30.6			13.4	
25					8	28.3		31.6		5	13.7	
28						31.3		34.6			15.2	
30	82	60	82	55		33.3		36.6			15.8	
32					10	35.3		38.6		6	17.3	
35						38.3		41.6			18.8	
38				65		41.3		44.6			20.3	
40	112	84	112		12	43.3		46.6		10	21.2	
42						45.3		48.6			22.2	
45				80	14	48.8		52.6		12	23.7	
48						51.8		55.6			25.2	
50						53.8		57.6			26.2	
55	142	107	142	95	16	59.3		63.6		14	29.2	
56						60.3		64.6			29.7	
60				105	18	64.4	+0.2 / 0	68.8	+0.4 / 0	16	31.7	+0.2 / 0
63						67.4		71.8			32.2	
65						69.4		73.8			34.2	
70				120	20	74.9		79.8		18	36.8	
71						75.9		80.8			37.3	
75						79.9		84.8			39.3	
80	172	132	172	140	22	85.4		90.8		20	41.6	
85						90.4		95.8			44.1	
90				160	25	95.4		100.8		22	47.1	
95						100.4		105.8			49.6	
100	212	167	212	180	28	106.4		112.8		25	51.3	
110						116.4		122.8			56.3	
120				210	32	127.4		134.8		28	62.3	
125						132.4		139.8			64.8	
130	252	202	252	235		137.4		144.8			66.4	
140					36	148.4		156.8		32	72.4	
150				265		158.4		166.8			77.4	

轴孔与轴伸的配合、轴孔、轴向尺寸及键槽宽度极限偏差

圆柱孔或圆锥孔直径 d, d_z	圆柱形孔与轴伸的配合		圆锥形轴孔配合及轴向尺寸偏差 配合代号	圆锥形轴孔配合及轴向尺寸偏差 轴向尺寸偏差	键槽宽度的极限偏差
19～30	H7/j6	根据使用要求也可以采用 H7/n6、H7/p6 和 H7/r6	H8/k8	0 / −0.33	P9（或 Js9）
32～50	H7/k6			0 / −0.39	
55～80	H7/m6			0 / −0.46	
85～120				0 / −0.54	
125～180				0 / −0.63	

注：1. 轴孔长度推荐选用 J 型和 J_1 型，Y 型仅限于长圆柱形轴伸电动机端。

2. 沉孔为小端直径 d_1，锥度为 30° 的锥形孔。

3. 单键槽与 180° 布置的双键槽对轴孔轴线的对称度按 GB/T 1184—1996 中对称度 7～9 级选用。

4. 锥度公差应符合 GB/T 11334—2005 中圆锥公差 AT6 级的规定。

5. 轴孔与轴伸配合选用大于表中规定的配合时，应验算联轴器轮毂强度。

6. 无沉孔的圆锥形轴孔详见 GB/T 3852—2008。

表 8-51　凸缘式联轴器（GB/T 5843—2003）

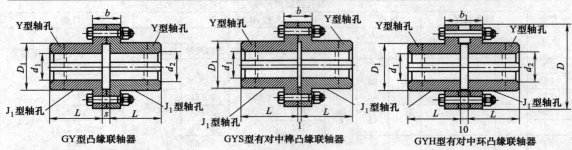

GY型凸缘联轴器　　　GYS型有对中榫凸缘联轴器　　　GYH型有对中环凸缘联轴器

标记示例　GY3 凸缘联轴器
主动端：Y 型轴孔，$d_1 = 20$mm，$L_1 = 52$mm；从动端：J_1 型轴孔，$d_2 = 28$mm，$L_1 = 44$mm
标记为：GY3 联轴器 $\dfrac{Y20 \times 52}{J_1 28 \times 44}$ GB/T 5843—2003

型号	公称转矩 $T_n / N \cdot m$	许用转速 $[n] / r \cdot min^{-1}$	轴孔直径 d_1, d_2	轴孔长度 L		D	D_1	b	b_1	s	转动惯量 $I / kg \cdot m^2$	质量 m / kg
				Y	J_1							
GY1	25	12000	12,14	32	27	80	30	26	42	6	0.0008	1.16
GYS1			16,18	42	30							
GYH1			19									
GY2	63	10000	16,18,19	42	30	90	40	28	44	6	0.0015	1.72
GYS2			20,22,24	52	38							
GYH2			25	62	44							
GY3	112	9500	20,22,24	52	38	100	45	30	46	6	0.0025	2.38
GYS3			25,28	62	44							
GYH3												
GY4	224	9000	25,28,30	62	44	105	55	33	48	6	0.003	3.15
GYS4			32,36	82	60							
GYH4												
GY5	400	8000	30,32,35,38	82	60	120	68	36	52	8	0.007	5.43
GYS5			40,42	112	84							
GYH5												
GY6	900	6800	38	82	60	140	80	40	56	8	0.015	7.59
GYS6			40,42,45,	112	84							
GYH6			48,50									
GY7	1600	6000	48,50,55,58	112	84	160	100	40	56	8	0.031	13.1
GYS7												
GYH7			60,63	142	107							

表 8-52　弹性套柱销联轴器（GB/T 4323—2002）

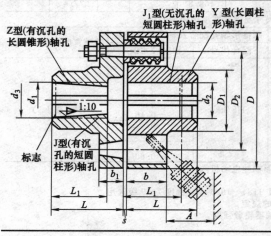

标记示例：
TL 弹性套柱销联轴器
主动端：Z 型轴孔，C 型键槽
　　$d_2 = 16$mm，$L_1 = 30$mm
从动端：J 型轴孔，B 型键槽
　　$d_3 = 18$mm，$L_1 = 30$mm
标记为：
TL 联轴器 $\dfrac{ZC16 \times 30}{JB18 \times 30}$ GB/T 4323

续表

型号	额定转矩 T_n /N·m	许用转速[n] /r·min⁻¹ 铁	钢	轴孔直径 d_1,d_2,d_3/mm 铁	钢	Y L	J,J₁,Z L₁	J,J₁,Z L	D/mm	$D_2$① /mm	A/mm	转动惯量 /kg·m²	质量 /kg
TL1	6.3	6600	8800	9	9	20	14		71	45	18	0.0004	0.7
				10,11	10,11	25	17						
				12	12,14	32	20						
TL2	16	5500	7600	12,14	12,14				80	53	18	0.001	1.0
				16	16,18,19	42	30	42					
TL3	31.5	4700	6300	16,18,19	16,18,19				95	63	35	0.002	1.9
				20	20,22	52	38	52					
TL4	63	4200	5700	20,22,24	20,22,24				106	76		0.004	2.3
				—	25,28	62	44	62					
TL5	125	3600	4600	25,28	25,28				130	90		0.011	8.36
				30,32	30,32,35	82	60	82					
TL6	250	3300	3800	32,35,38	32,35,38				160	112	45	0.026	10.36
				40	40,42	112	84	112					
TL7	500	2800	3600	40,42,45	40,42,45,48				190	140		0.06	15.6
TL8	710	2400	3000	45,48,50,55	45,48,50,55,56				224	170	65	0.13	25.4
					60,63	142	107	142					
TL9	1000	2100	2850	50,55,56	50,55,56	112	84	112	250	190		0.20	30.9
				60,63	60,63,65,70,71	142	107	142					
TL10	2000	1700	2300	63,65,70,71,75	63,65,70,71,75				315	240	80	0.64	65.9
				80,85	80,85,90,95	172	132	172					
TL11	4000	1350	1800	80,85,90,95	80,85,90,95				400	300	100	2.06	122.6
				100,110	100,110	212	167	212					

① 表示所示的尺寸在原标准中没有，为参考尺寸。

表 8-53　LX 型弹性柱销联轴器（GB/T 5014—2003）

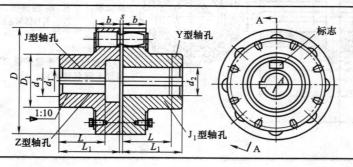

标记示例　LX3 弹性柱销联轴器　主动端：Z 型轴孔，C 型键槽　$d_2=30mm$，$L_1=60mm$
　　　　　　　　　　　　　　从动端：J 型轴孔，B 型键槽　$d_3=40mm$，$L_1=84mm$

标记为：LX3 联轴器 $\dfrac{ZC30\times60}{JB40\times84}$　GB 5014—2003

型号	公称转矩 T_n /N·m	许用转速 $[n]$ /r·min⁻¹	轴孔直径 d_1,d_2,d_3/mm	轴孔长度			D	D_1	b	s	转动惯量 /kg·m²	质量 m/kg
				Y 型	J,J₁,Z 型							
				L	L	L_1						
LX1	250	8500	12,14	32	27		90	40	20		0.002	2
			16,18,19	42	30	42						
			20,22,24	52	38	52				2.5		
LX2	560	6300	20,22,24				120	55	28		0.009	5
			25,28	62	44	62						
			30,32,35	82	60	82						
LX3	1250	4750	30,32,35,38				160	75	36		0.026	8
			40,42,45,48	112	84	112						
LX4	2500	3870	40,42,45,48,50,50,56				195	100	45	3	0.109	22
			60,63	142	107	142						
LX5	3150	3450	50,55,56	112	84	112	220	120	45		0.191	30
			60,63,65,70,71,75	142	107	142						
LX6	6300	2720	60,63,65,70,71,75				280	140	56		0.543	53
			80,85	172	132	172						
LX7	11200	2360	70,71,75	142	107	142	320	170	56	4	1.314	98
			80,85,90,95	172	132	172						
			100,110	212	167	212						

注：质量、转动惯量是按 J/Y 轴孔组合形式和最小轴孔直径计算的近似值。

表 8-54　GL 型滚子链联轴器（GB 6069—2002）　　　　　　/mm

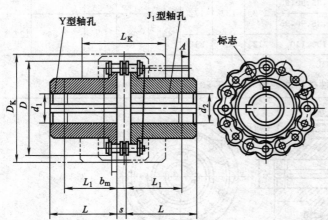

标记示例

GL7 型滚子链联轴器

主动端：J₁ 型轴孔，B 型键槽，$d_1=45mm$，$L=84mm$

从动端：J 型孔，B₁ 型键槽，$d_2=50mm$，$L=84mm$

GL7 联轴器 $\dfrac{J_1B45\times84}{JB_150\times84}$

GB 6069—2002

（B 型键槽：120°布置平键双键槽。B₁ 型键槽：180° 布置平键双键槽）

续表

型号	公称转矩 T_n/N·m	许用转速 $[n]$/r·min⁻¹ 不装罩壳	安装罩壳	轴孔直径 (d_1,d_2)/mm	轴孔长度/mm Y型 L	L型 L	链号	链条节距 p/mm	齿数 z	D	b_m	s	A	D_K max	L_K max	质量 m/kg	转动惯量 I/kg·m²
GL1	40	1400	4500	16	42		06B	9.525	14	51.06	5.3	4.9	—	70	70	0.40	0.00010
				18	42	—											
				19	42	—											
				20	52	38							4				
GL2	63	1250	4500	19	42	—	06B	9.525	16	57.08	5.3	4.9		75	75	0.70	0.00020
				20	52	38							4				
				22	52	38							4				
				24	52	38							4				
GL3	100	1000	4000	20	52	38	08B	12.7	14	68.88	7.2	6.7	12	85	80	1.1	0.00038
				22	52	38							12				
				24	52	38							12				
				25	62	44							6				
GL4	160	1000	4000	24	52		08B	12.7	16	76.91	7.2	6.7		95	88	1.8	0.00086
				25	62	44											
				28	62	44							6				
				30	82	60							6				
				32	82	60											
GL5	250	800	3150	28	62		10A	15.875	16	94.46	8.9	9.2	—	112	100	3.2	0.0025
				30	82	60											
				32	82	60											
				35	82	60											
				38	82	80											
				40	112	84											
GL6	400	630	2500	32	82	60	10A	15.875	20	116.57	8.9	9.2	—	140	105	5.0	0.0058
				35	82	60											
				38	82	60											
				40	112	84											
				42	112	84											
				45	112	84											
				48	112	84											
				50	112	84											
GL7	630	630	2500	40	112	84	12A	19.05	18	127.78	11.9	10.9	—	150	122	7.4	0.012
				42	112	84											
				45	112	84											
				48	112	84											
				50	112	84											
				55	112	84											
				60	142	107											
GL8	1000	500	2240	45	112	84	16A	25.40	16	154.33	15.0	14.3	12	181	135	11.1	0.025
				48	112	84							12				
				50	112	84							12				
				55	112	84							12				
				60	142	107											
				65	142	107											
				70	142	107											
GL9	1600	400	2000	50	112	84	16A	25.40	20	186.50	15.0	14.3	12	215	145	20.0	0.061
				55	112	84							12				
				60	142	107											
				65	142	107											
				70	142	107							—				
				75	142	107											
				80	172	132											
GL10	2500	315	1600	60	142	107	20A	31.75	18	213.02	18.0	17.8	6	245	165	26.1	0.079
				65	142	107							6				
				70	142	107							6				
				75	142	107							6				
				80	172	132											
				85	172	132											
				90	172	132											

注：1. 有罩壳时，在型号后加"F"，例如 GL5 型联轴器，有罩壳时改为 GL5F。

2. 表中联轴器质量、转动惯量均为近似值。

8.6　密封和润滑剂

表 8-55　毡圈油封和槽的形式和尺寸（JB/ZQ 4606—1997）　　/mm

标记示例　$d=50$mm 的毡圈油封：
毡圈　50　JB/ZQ 4606

轴径 d	毡封油圈			槽			δ_min	
	D	d_1	B	D_0	d_0	b	钢	铸铁
15	29	14	6	28	16	5	10	12
20	33	19		32	21			
25	39	24		38	26			
30	45	29	7	44	31	6		
35	49	34		48	36			
40	53	39		52	41			
45	61	44		60	46		12	15
50	69	49		68	51			
55	74	53	8	72	56	7		
60	80	58		78	61			
65	84	63		82	66			
70	90	68		88	71			
75	94	73		92	77			
80	102	78	9	100	82			
85	107	83		105	87			
90	112	88		110	92	8	15	18
95	117	93		115	97			
100	122	98	10	120	102			
105	127	103		125	107			
110	132	108		130	112			

注：本标准适用于线速度 $v<5$m/s。

表 8-56　通用 O 形橡胶密封圈（代号 G）（GB/T 3452.1—2005）　　/mm

标记示例：
O 形密封圈　50×1.8　G　GB/T 3452.1
　　　　　　　　　　└ 通用 O 形圈
　　　　　　　└ $d_0=1.8$mm
　　　　└ $d=50$mm

内径 d	极限偏差	截面直径 d_0				内径 d	极限偏差	截面直径 d_0				内径 d	极限偏差	截面直径 d_0			
		1.8±0.08	2.65±0.09	3.55±0.1	5.3±0.13			1.8±0.08	2.65±0.09	3.55±0.1	5.3±0.13			1.8±0.08	2.65±0.09	3.55±0.1	5.3±0.13
18		*	*	*	*	46.2		*	*	*	*	92.5			*	*	*
19		*	*	*		47.5			*	*	*	95			*	*	*
20		*	*	*		48.7	±0.36		*	*	*	97.5	±0.65		*	*	*
21.2		*	*	*		50		*	*	*	*	100			*	*	*
22.4		*	*	*		51.5			*	*	*	103			*	*	*
23.6	±0.22	*	*	*		53			*	*	*	106		*	*	*	*
25		*	*	*		54.5			*	*	*	109			*	*	*
25.8		*	*	*		56	±0.44		*	*	*	112		*	*	*	*
26.5		*	*	*		58			*	*	*	115			*	*	*
28		*	*	*		60			*	*	*	118		*	*	*	*
30		*	*	*		61.5			*	*	*	122			*	*	*
31.5			*	*		63			*	*	*	125		*	*	*	*
32.5		*	*	*		65			*	*	*	128			*	*	*
33.5			*	*		67			*	*	*	132			*	*	*
34.5			*	*		69			*	*	*	136			*	*	*
35.5	±0.3		*	*		71	±0.53		*	*	*	140	±0.9	*	*	*	*
36.5			*	*		73			*	*	*	145			*	*	*
37.5			*	*		75			*	*	*	150			*	*	*
38.5		*	*	*		77.5			*	*	*	155			*	*	*
40			*	*		80			*	*	*	160			*	*	*
41.2			*	*		82.5			*	*	*	165			*	*	*
42.5		*	*	*		85			*	*	*	170			*	*	*
43.7	±0.36		*	*		87.5			*	*	*	175			*	*	*
45			*	*		90			*	*	*	180			*	*	*

注："*"指 GB/T 3452.1—2005 规定的规格。

表 8-57　内包骨架旋转轴唇形密封圈（GB/T 13871—2007）

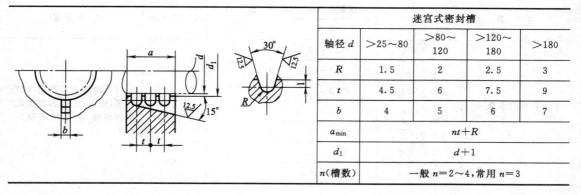

d	D	b
15	26,30,35	
16	30,(35)	
18	30,35	
20	35,40,(45)	7
22	35,40,47	
25	40,47,52	
28	40,47,52	
30	42,47,(50)	
30	52	
32	45,47,52	
35	50,52,55	
38	52,58,62	
40	55,(60),62	8
42	55,62	
45	62,65	
50	68,(70),72	
55	72,(75),80	
60	80,85	
65	85,90	
70	90,95	10
75	95,100	
80	100,110	
85	110,120	
90	(115),120	12
95	120	
100	125	

标记示例　(F)B 100 125 GB/T 13871—2007
　　　　　　　　　　　　　　　——标准号
　　　　　　　　　　——$D=125$mm
　　　　　　——$d=100$mm
　——（带副唇）内包骨架
旋转轴唇形密封圈

B型　　**BF型**

　　注：考虑到国内实际情况，除全部采用国际标准的基本尺寸外，还补充了若干种国内常用的规格，并加括号以示区别。

表 8-58　密封槽（JB/ZQ 4245—1997）

	迷宫式密封槽			
轴径 d	>25~80	>80~120	>120~180	>180
R	1.5	2	2.5	3
t	4.5	6	7.5	9
b	4	5	6	7
a_{min}	$nt+R$			
d_1	$d+1$			
n（槽数）	一般 $n=2~4$，常用 $n=3$			

径向密封槽				
轴径 d	>10～50	>50～80	>80～110	>110～180
r	1	1.5	2	2.5
e	0.2	0.3	0.4	0.5
t	$t=3r$			
t_1	$t_1=2r$			

轴向密封槽				
轴径 d	>10～50	>50～80	>80～110	>110～180
e	0.2	0.3	0.4	0.5
f_1	1	1.5	2	2.5
f_2	1.5	2.5	3	3.5

表 8-59　常用润滑脂的主要性质和用途

名　称	代号	滴点/℃（不低于）	工作锥入度 （25℃,150g） $/(10mm)^{-1}$	主要用途
钙基润滑脂 (GB/T 491—1987)	1 号	80	310～340	有耐水性能。用于工作温度在 55～60℃ 的各种工农业、交通运输等机械设备的轴承润滑,特别是有水或潮湿处
	2 号	85	265～295	
	3 号	90	220～250	
	4 号	95	175～205	
钠基润滑脂 (GB/T 492—1989)	2 号	160	265～295	不耐水(或潮湿)。用于工作温度在 −10～110℃ 的一般中负荷机械设备轴承润滑
	3 号		220～250	
通用锂基润滑脂 (GB/T 7324—1994)	1 号	170	310～340	有良好的耐水性和耐热性。适用于 −20～120℃ 宽温度范围内各种机械的滚动轴承、滑动轴承及其他摩擦部位的润滑
	2 号	175	265～295	
	3 号	180	220～250	
钙钠基润滑脂 (SH/T 0360—1992)	2 号	120	250～290	用于工作温度在 80～100℃ 有水分或较潮湿环境中工作的机械润滑。多用于铁路机车、列车、小电动机、发电动机滚动轴承(温度较高者)润滑。不适于低温工作
	3 号	135	200～240	
滚珠轴承脂 (SY 1514—1998)	ZGN69-2	120	250～290	用于各种机械的滚动轴承的润滑
7407 号齿轮润滑脂 (SH/T 0469—1992)		160	75～90	用于各种低速,中、重载齿轮和联轴器等的润滑,使用温度≤120℃,可承受冲击载荷≤2500MPa

表 8-60　常用润滑油的主要性质和用途

名　称	代号	运动黏度/(mm^2/s) 40℃	凝点/℃ (≤)	闪点/℃(≥)	主要用途
全损耗系统用油 (GB 443—1989)	L-AN15	13.5～16.5	−5	150	对润滑油无特殊要求的锭子、轴承、齿轮和其他低负荷机械,不适用于循环系统
	L-AN22	19.8～24.2			
	L-AN32	28.8～35.2			
	L-AN46	41.4～50.6		160	
	L-AN68	61.2～74.8			
	L-AN100	90.0～110		180	
	L-AN150	135～165			

续表

名　　称	代号	运动黏度/(mm²/s) 40℃	凝点/℃ (≤)	闪点/℃(≥)	主要用途
工业闭式齿轮油 (GB 5903—1995)	L-CKC68	61.2～74.8	−8	180	适用于煤炭、水泥、冶金工业部门大型封闭式齿轮传动装置的润滑
	L-CKC100	90.0～110			
	L-CKC150	135～165		200	
	L-CKC220	198～242			
	L-CKC320	288～352			
	L-CKC460	414～506			
	L-CKC680	612～748	−5	200	
蜗轮蜗杆油 (SH/T 0094—1991)	L-CKE220	198～242	−12	200	用于蜗轮蜗杆传动的润滑
	L-CKE320	288～352			
	L-CKE460	414～506			
	L-CKE680	612～748		220	
	L-CKE1000	900～1100			

8.7　公差与配合

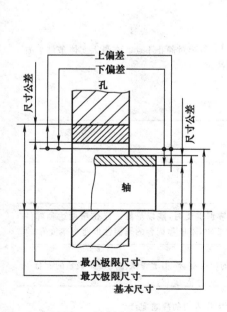

图 8-1　极限与配合示意

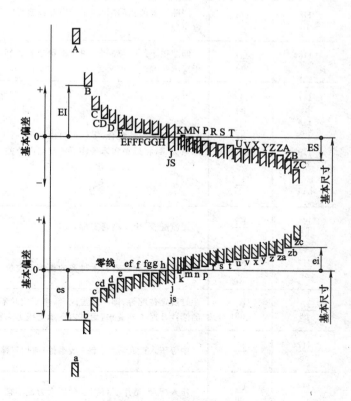

图 8-2　基本偏差系列示意

表 8-61　标准公差数值（GB/T 1800.3—1998）　　　　　　　　　　　　　　　/μm

基本尺寸 /mm	标准公差等级																	
	IT1	IT2	IT3	IT4	IT5	IT6	IT7	IT8	IT9	IT10	IT11	IT12	IT13	IT14	IT15	IT16	IT17	IT18
≤3	0.8	1.2	2	3	4	6	10	14	25	40	60	100	140	250	400	600	1000	1400
>3~6	1	1.5	2.5	4	5	8	12	18	30	48	75	120	180	300	480	750	1200	1800
>6~10	1	1.5	2.5	4	6	9	15	22	36	58	90	150	220	360	580	900	1500	2200
>10~18	1.2	2	3	5	8	11	18	27	43	70	110	180	270	430	700	1100	1800	2700
>18~30	1.5	2.5	4	6	9	13	21	33	52	84	130	210	330	520	840	1300	2100	3300
>30~50	1.5	2.5	4	7	11	16	25	39	62	100	160	250	390	620	1000	1600	2500	3900
>50~80	2	3	5	8	13	19	30	46	74	120	190	300	460	740	1200	1900	3000	4600
>80~120	2.5	4	6	10	15	22	35	54	87	140	220	350	540	870	1400	2200	3500	5400
>120~180	3.5	5	8	12	18	25	40	63	100	160	250	400	630	1000	1600	2500	4000	6300
>180~250	4.5	7	10	14	20	29	46	72	115	185	290	460	720	1150	1850	2900	4600	7200
>250~315	6	8	12	16	23	32	52	81	130	210	320	520	810	1300	2100	3200	5200	8100
>315~400	7	9	13	18	25	36	57	89	140	230	360	570	890	1400	2300	3600	5700	8900
>400~500	8	10	15	20	27	40	63	97	155	250	400	630	970	1550	2500	4000	6300	9700
>500~630	9	11	16	22	30	44	70	110	175	280	440	700	1100	1750	2800	4400	7000	11000
>630~800	10	13	18	25	35	50	80	125	200	320	500	800	1250	2000	3200	5000	8000	12500

表 8-62　优先配合特性及应用举例

基孔制	基轴制	优先配合特性及应用举例
$\dfrac{H11}{c11}$	$\dfrac{C11}{h11}$	间隙非常大，用于很松的、转动很慢的间隙配合；要求大公差与大间隙的外露组件；要求装配方便的、很松的配合
$\dfrac{H9}{d9}$	$\dfrac{D9}{h9}$	间隙很大的自由转动配合，用于精度为非主要要求时，或有大的温度变动、高转速或大的轴颈压力时
$\dfrac{H8}{f7}$	$\dfrac{F8}{h7}$	间隙不大的转动配合，用于中等转速与中等轴颈压力的精确转动；也用于装配较易的中等定位配合
$\dfrac{H6}{g6}$	$\dfrac{G7}{h6}$	间隙很小的间隙配合，用于不希望自由转动，但可自由移动和滑动并精密定位时，也可用于要求明确的定位配合
$\dfrac{H7}{h6}$ $\dfrac{H8}{h7}$ $\dfrac{H9}{h9}$ $\dfrac{H11}{h11}$	$\dfrac{H7}{h6}$ $\dfrac{H8}{h7}$ $\dfrac{H9}{h9}$ $\dfrac{H11}{h11}$	均为间隙定位配合，零件可自由装拆，而工作时一般相对静止不动。在最大实体条件下的间隙为零，在最小实体条件下的间隙由公差等级决定
$\dfrac{H7}{k6}$	$\dfrac{K7}{h6}$	过渡配合，用于精密定位
$\dfrac{H7}{n6}$	$\dfrac{N7}{h6}$	过渡配合，允许有较大过盈的更精密定位
$\dfrac{H7}{p6}$ *	$\dfrac{P7}{h6}$	过盈定位配合，即小过盈配合，用于定位精度特别重要时，能以最好的定位精度达到部件的刚性及对中性要求，而对内孔承受压力无特殊要求，不依靠配合的紧固性传递摩擦负荷
$\dfrac{H7}{s6}$	$\dfrac{S7}{h6}$	中等压入配合，适用于一般钢件；或用于薄壁的冷缩配合，用于铸铁件可得到最紧的配合
$\dfrac{H7}{u6}$	$\dfrac{U7}{h6}$	压入配合，适用于可以承受压入力或不宜承受大压入力的冷缩配合

注："＊"配合在小于或等于 3mm 时为过渡配合。

表 8-63　优先配合中轴的极限偏差 （GB/T 1800.4—1999）　　/μm

基本尺寸/mm 大于	至	c 11	d 9	f 7	g 6	h 6	h 7	h 9	h 11	k 6	n 6	p 6	s 6	u 6
—	3	−60 / −120	−20 / −45	−6 / −16	−2 / −8	0 / −6	0 / −10	0 / −25	0 / −60	+6 / 0	+10 / +4	+12 / +6	+20 / +14	+24 / +18
3	6	−70 / −145	−30 / −60	−10 / −22	−4 / −12	0 / −8	0 / −12	0 / −30	0 / −75	+9 / +1	+16 / +8	+20 / +12	+27 / +19	+31 / +23
6	10	−80 / −170	−40 / −76	−13 / −28	−5 / −14	0 / −9	0 / −15	0 / −36	0 / −90	+10 / +1	+19 / +10	+24 / +15	+32 / +23	+37 / +28
10	14	−95 / −205	−50 / −93	−16 / −34	−6 / −17	0 / −11	0 / −18	0 / −43	0 / −110	+12 / +1	+23 / +12	+29 / +18	+39 / +28	+44 / +33
14	18													
18	24	−110 / −240	−65 / −117	−20 / −41	−7 / −20	0 / −13	0 / −21	0 / −52	0 / 130	+15 / +2	+28 / +15	+35 / +22	+48 / +35	+54 / +41
24	30													+61 / +48
30	40	−120 / −280	−80 / −142	−25 / −50	−9 / −25	0 / −16	0 / −25	0 / −62	0 / −160	+18 / +2	+33 / +17	+42 / +26	+59 / +43	+76 / +60
40	50	−130 / −290												+86 / +70
50	65	−140 / −330	−100 / −174	−30 / −60	−10 / −29	0 / −19	0 / −30	0 / −74	0 / −190	+21 / +2	+39 / +20	+51 / +32	+72 / +53	+106 / +87
65	80	−150 / −340											+78 / +59	+121 / +102
80	100	−170 / −390	−120 / −207	−36 / −71	−12 / −34	0 / −22	0 / −35	0 / −87	0 / −220	+25 / +3	+45 / +23	+59 / +37	+93 / +71	+146 / +124
100	120	−180 / −400											+101 / +79	+166 / +144
120	140	−200 / −450	−145 / −245	−43 / −83	−14 / −39	0 / −25	0 / −40	0 / −100	0 / −250	+28 / +3	+52 / +27	+68 / +43	+117 / +92	+195 / +170
140	160	−210 / −460											+125 / +100	+215 / +190
160	180	−230 / −480											+133 / +108	+235 / +210
180	200	−240 / −530	−170 / −285	−50 / −96	−15 / −44	0 / −29	0 / −46	0 / −115	0 / −290	+33 / +4	+60 / +31	+79 / +50	+151 / +122	+265 / +236
200	225	−260 / −550											+159 / +130	+287 / +258
225	250	−280 / −570											+169 / +140	+313 / +284
250	280	−300 / −620	−190 / −320	−56 / −108	−17 / −49	0 / −32	0 / −52	0 / −130	0 / −320	+36 / +4	+66 / +34	+88 / +56	+190 / +158	+347 / +315
280	315	−330 / −650											+202 / +170	+382 / +350
315	355	−360 / −720	−210 / −350	−62 / −119	−18 / −54	0 / −36	0 / −57	0 / −140	0 / −360	+40 / +4	+73 / +37	+98 / +62	+226 / +190	+426 / +390
355	400	−400 / −760											+244 / +208	+471 / +435
400	450	−440 / −840	−230 / −385	−68 / −131	−20 / −60	0 / −40	0 / −63	0 / −155	0 / −400	+45 / +5	+80 / +40	+108 / +68	+272 / +232	+530 / +490
450	500	−480 / −980											+292 / +252	+580 / +540

表 8-64 优先配合中孔的极限偏差 (GB/T 1800.4—1999) /μm

公 差 带

基本尺寸/mm 大于	至	C11	D9	F8	G7	H7	H8	H9	H11	K7	N7	P7	S7	U7
—	3	+120/+60	+45/+20	+20/+6	+12/+2	+10/0	+14/0	+25/0	+60/0	0/−10	−4/−14	−6/−16	−14/−24	−18/−28
3	6	+145/+70	+60/+30	+28/+10	+16/+4	+12/0	+18/0	+30/0	+75/0	+3/−9	−4/−16	−8/−20	−15/−27	−19/−31
6	10	+170/+80	+76/+40	+35/+13	+20/+5	+15/0	+22/0	+36/0	+90/0	+5/−10	−4/−19	−9/−24	−17/−32	−22/−37
10	14	+205/+95	+93/+50	+43/+16	+24/+6	+18/0	+27/0	+43/0	+110/0	+6/−12	−5/−23	−11/−29	−21/−39	−26/−44
14	18	+205/+95	+93/+50	+43/+16	+24/+6	+18/0	+27/0	+43/0	+110/0	+6/−12	−5/−23	−11/−29	−21/−39	−26/−44
18	24	+240/+110	+117/+65	+53/+20	+28/+7	+21/0	+33/0	+52/0	+130/0	+6/−15	−7/−28	−14/−35	−27/−48	−33/−54
24	30	+240/+110	+117/+65	+53/+20	+28/+7	+21/0	+33/0	+52/0	+130/0	+6/−15	−7/−28	−14/−35	−27/−48	−40/−61
30	40	+280/+120	+142/+80	+64/+25	+34/+9	+25/0	+39/0	+62/0	+160/0	+7/−18	−8/−33	−17/−42	−34/−59	−51/−76
40	50	+290/+130	+142/+80	+64/+25	+34/+9	+25/0	+39/0	+62/0	+160/0	+7/−18	−8/−33	−17/−42	−34/−59	−61/−86
50	65	+330/+140	+174/+100	+76/+30	+40/+10	+30/0	+46/0	+74/0	+190/0	+9/−21	−9/−39	−21/−51	−42/−72	−76/−106
65	80	+340/+150	+174/+100	+76/+30	+40/+10	+30/0	+46/0	+74/0	+190/0	+9/−21	−9/−39	−21/−51	−48/−78	−91/−121
80	100	+390/+170	+207/+120	+90/+36	+47/+12	+35/0	+54/0	+87/0	+220/0	+10/−25	−10/−45	−24/−59	−58/−93	−111/−146
100	120	+400/+180	+207/+120	+90/+36	+47/+12	+35/0	+54/0	+87/0	+220/0	+10/−25	−10/−45	−24/−59	−66/−101	−131/−166
120	140	+450/+200	+245/+145	+106/+43	+54/+14	+40/0	+63/0	+100/0	+250/0	+12/−28	−12/−52	−28/−68	−77/−117	−155/−195
140	160	+460/+210	+245/+145	+106/+43	+54/+14	+40/0	+63/0	+100/0	+250/0	+12/−28	−12/−52	−28/−68	−85/−125	−175/−215
160	180	+480/+230	+245/+145	+106/+43	+54/+14	+40/0	+63/0	+100/0	+250/0	+12/−28	−12/−52	−28/−68	−93/−133	−195/−235
180	200	+530/+240	+285/+170	+122/+50	+61/+15	+46/0	+72/0	+115/0	+290/0	+13/−33	−14/−60	−33/−79	−105/−151	−219/−265
200	225	+550/+260	+285/+170	+122/+50	+61/+15	+46/0	+72/0	+115/0	+290/0	+13/−33	−14/−60	−33/−79	−113/−159	−241/−287
225	250	+570/+280	+285/+170	+122/+50	+61/+15	+46/0	+72/0	+115/0	+290/0	+13/−33	−14/−60	−33/−79	−123/−169	−267/−313
250	280	+620/+300	+320/+190	+137/+56	+69/+17	+52/0	+81/0	+130/0	+320/0	+16/−36	−14/−66	−36/−88	−138/−190	−295/−347
280	315	+650/+330	+320/+190	+137/+56	+69/+17	+52/0	+81/0	+130/0	+320/0	+16/−36	−14/−66	−36/−88	−150/−202	−330/−382
315	355	+720/+360	+350/+210	+151/+62	+75/+18	+57/0	+89/0	+140/0	+360/0	+17/−40	−16/−73	−41/−98	−169/−226	−369/−426
355	400	+760/+400	+350/+210	+151/+62	+75/+18	+57/0	+89/0	+140/0	+360/0	+17/−40	−16/−73	−41/−98	−187/−244	−414/−471
400	450	+840/+440	+385/+230	+165/+68	+83/+20	+63/0	+97/0	+155/0	+400/0	+18/−45	−17/−80	−45/−108	−209/−272	−467/−530
450	500	+880/+480	+385/+230	+165/+68	+83/+20	+63/0	+97/0	+155/0	+400/0	+18/−45	−17/−80	−45/−108	−229/−292	−517/−580

表 8-65　轴的各种基本偏差的应用

配合种类	基本偏差	配合特性及应用
	a,b	可得到特别大的间隙,很少应用
	c	可得到很大的间隙,一般适用于缓慢、松弛的间隙配合;用于工作条件较差(如农业机械),受力变形,或为了便于装配而必须保证有较大的间隙时;推荐配合为 H11/c11,其较高级的配合,如 H8/c7 适用于轴在高温时工作的紧密间隙配合,例如内燃机排气阀和导管
间隙配合	d	一般用于 IT7~IT11 级,适用于松的转动配合,如密封盖、滑轮、空转带轮等与轴的配合;也适用于大直径滑动轴承配合,如涡轮机、球磨机、轧辊成形和重型弯曲机及其他重型机械中的一些滑动支承
	e	多用于 IT7~IT9 级,通常适用于要求有明显间隙、易于转动的支承配合,如大跨距、多支点支承等;高等级的 e 轴适用于大型、高速、重载的支承配合,如涡轮发电机、大型电动机、内燃机、凸轮轴及摇臂支承等
	f	多用于 IT6~IT8 级的一般转动配合;当温度影响不大时,被广泛用于普通润滑油(或润滑脂)润滑的支承,如齿轮箱、小电动机、泵等的转轴与滑动支承的配合
	g	配合间隙很小,制造成本高,除很轻负荷的精密装置外,不推荐用于转动配合;多用于 IT5~IT7 级,最适合不回转的精密滑动配合,也用于插销等定位配合,如精密连杆轴承、活塞、滑阀及连杆销等
	h	多用于 IT4~IT11 级;广泛用于无相对转动的零件,作为一般的定位配合;若没有温度、变形的影响,也用于精密滑动配合
	js	为完全对称偏差(±IT/2),平均为稍有间隙的配合,多用于 IT4~IT7 级,要求间隙比 h 轴小,并允许略有过盈的定位配合,如联轴器,可用手或木锤装配
过渡配合	k	平均为没有间隙的配合,适用于 IT4~IT7 级;推荐用于稍有过盈的定位配合,例如为了消除振动用的定位配合,一般用木锤装配
	m	平均为具有小过盈的过渡配合;适用于 IT4~IT7 级,一般用木锤装配,但在最大过盈时,要求相当的压入力
	n	平均过盈比 m 轴稍大,很少得到间隙,适用于 IT4~IT7 级,用锤子或压力机装配,通常推荐用于紧密的组件配合;H6/n5 配合时为过盈配合
	p	与 H6 或 H7 配合时是过盈配合,与 H8 孔配合时则为过渡配合;对非铁类零件,为较轻的压入配合,当需要时易于拆卸;对钢、铸铁或铜、钢组件装配,是标准的压入配合
过盈配合	r	对铁类零件,为中等打入配合,对非铁类零件,为轻打入的配合,当需要时可以拆卸;与 H8 孔配合,直径在 100mm 以上时为过盈配合,直径小时为过渡配合
	s	用于钢和铁制零件的永久性和半永久装配;可产生相当大的结合力;当用弹性材料,如轻合金时,配合性质与铁类零件的 p 轴相当,例如套环压装在轴上、阀座等配合。尺寸较大时,为了避免损伤配合表面,需用热胀或冷缩法装配
	t,u,v,x,y,z	过盈量依次增大,一般不推荐采用

表 8-66　公差等级与加工方法的关系

加工方法	公差等级(IT)												
	4	5	6	7	8	9	10	11	12	13	14	15	16
珩磨	----	----	----	----									
圆磨、平磨		----	----	----	----								
拉削		----	----	----	----								
铰孔			----	----	----	----							
车、镗				----	----	----	----						
铣				----	----	----	----						
刨、插						----	----	----					
钻孔						----	----	----	----				
冲压							----	----	----				
砂型铸造、气割													—
锻造												—	

表 8-67　常用形位公差的符号及其标注（GB/T 1182—1996）

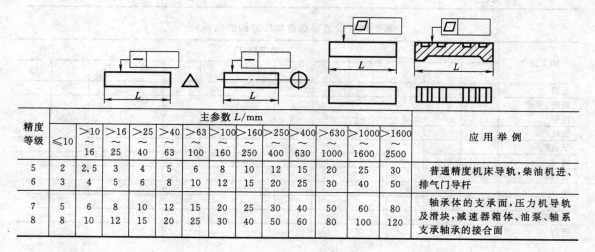

形位公差分类和项目				其他有关符号		形位公差框格	基准符号
分类	项目	符号	有或无基准要求	名称	符号		
形状 / 形状	直线度	——	无	包容要求	Ⓔ		
	平面度	▱	无				
	圆度	○	无	最大实体要求	Ⓜ		
	圆柱度	⌭	无	最小实体要求	Ⓛ		
形状或位置 / 轮廓	线轮廓度	⌒	有或无	可逆要求	Ⓡ		
	面轮廓度	⌓	有或无				
位置 / 定向	平行度	∥	有	延伸公差带	Ⓟ		
	垂直度	⊥	有	自由状态（非刚性零件）条件	Ⓕ		
	倾斜度	∠	有				
位置 / 定位	位置度	⌖	有或无	全周（轮廓）	⌒↗		
	同轴（同心）度	◎	有	理论正确尺寸	50		
	对称度	⚌	有				
跳动	圆跳动	↗	有	基准目标的标注	φ2/A1		
	全跳动	↗↗	有				

公差框格分成两格或多格,框格内从左到右填写以下内容:
第一格—形位公差特征的符号;
第二格—形位公差数值和有关符号;
第三格和以后各格—基准字母和有关符号公差框格应水平或垂直绘制,其线型为细实线

基准符号由基准字母、圆圈、连线和粗短线组成

表 8-68　直线度与平面度公差（GB/T 1184—1996）　　/μm

主参数 L 图例

精度等级	主参数 L/mm												应用举例
	≤10	>10~16	>16~25	>25~40	>40~63	>63~100	>100~160	>160~250	>250~400	>400~630	>630~1000	>1000~1600	>1600~2500	
5	2	2.5	3	4	5	6	8	10	12	15	20	25	30	普通精度机床导轨,柴油机进
6	3	4	5	6	8	10	12	15	20	25	30	40	50	排气门导杆
7	5	6	8	10	12	15	20	25	30	40	50	60	80	轴承体的支承面,压力机导轨
8	8	10	12	15	20	25	30	40	50	60	80	100	120	及滑块,减速器箱体、油泵、轴系支承轴承的接合面

续表

精度等级	主参数 L/mm													应用举例
	≤10	>10~16	>16~25	>25~40	>40~63	>63~100	>100~160	>160~250	>250~400	>400~630	>630~1000	>1000~1600	>1600~2500	
9	12	15	20	25	30	40	50	60	80	100	120	150	200	辅助机构及手动机械的支承面,液压管件和法兰的连接面
10	20	25	30	40	50	60	80	100	120	150	200	250	300	
11	30	40	50	60	80	100	120	150	200	250	300	400	500	离合器的摩擦片,汽车发动机缸盖接合面
12	60	80	100	120	150	200	250	300	400	500	600	800	1000	

表 8-69　圆度和圆柱度公差（GB/T 1184—1996）　/μm

主参数 d(D)图例

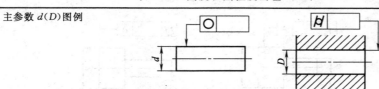

精度等级	主参数 d(D)/mm										应用举例
	>10~18	>18~30	>30~50	>50~80	>80~120	>120~180	>180~250	>250~315	>315~400	>400~500	
7	5	6	7	8	10	12	14	16	18	20	发动机的胀圈、活塞销及连杆中装衬套的孔等,千斤顶或压力油缸活塞,水泵及减速器轴颈,液压传动系统的分配机构,拖拉机汽缸体与汽缸套配合面,炼胶机冷铸轧辊
8	8	9	11	13	15	18	20	23	25	27	
9	11	13	16	19	22	25	29	32	36	40	起重机、卷扬机用的滑动轴承,带软密封的低压泵的活塞和汽缸通用机械杠杆与拉杆、拖拉机的活塞环与套筒孔
10	18	21	25	30	35	40	46	52	57	63	

表 8-70　平行度、垂直度和倾斜度公差（GB/T 1184—1996）　/μm

主参数 L,d(D)图例

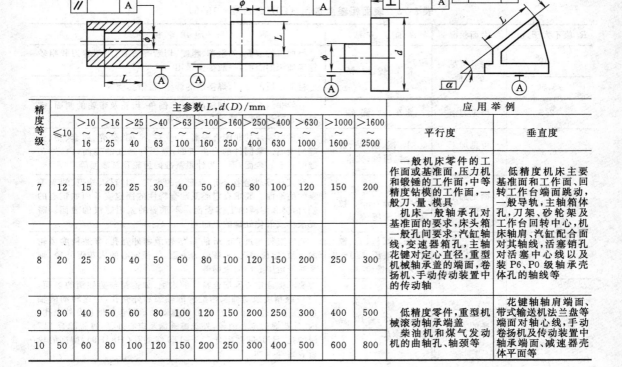

精度等级	主参数 L,d(D)/mm												应用举例	
	≤10	>10~16	>16~25	>25~40	>40~63	>63~100	>100~160	>160~250	>250~400	>400~630	>630~1000	>1000~1600	>1600~2500	平行度	垂直度
7	12	15	20	25	30	40	50	60	80	100	120	150	200	一般机床零件的工作面或基准面,压力机和锻锤的工作面,中等精度钻模的工作面,一般刀、量、模具	低精度机床主要基准面和工作面、回转工作台端面跳动,一般导轨,主轴箱体孔,刀架、砂轮架及工作台回转中心,机床轴肩、汽缸配合面对其轴线,活塞销孔对活塞中心线以及装 P6、P0 级轴承壳体孔的轴线等
8	20	25	30	40	50	60	80	100	120	150	200	250	300	机床一般轴承孔对基准面的要求,床头箱一般孔间要求,汽缸轴线,变速器箱孔,主轴花键对定心直径,重型机械轴承盖的端面,卷扬机、手动传动装置中的传动轴	
9	30	40	50	60	80	100	120	150	200	250	300	400	500	低精度零件,重型机械滚动轴承端盖柴油机和煤气发动机的曲轴孔、轴颈等	花键轴轴肩端面、带式输送机法兰盘等端面对轴心线,手动卷扬机及传动装置中轴承端面、减速器壳体平面等
10	50	60	80	100	120	150	200	250	300	400	500	600	800		

表 8-71 同轴度、对称度、圆跳动和全跳动公差（GB/T 1184—1996） /μm

主参数 $d(D),B,L$ 图例

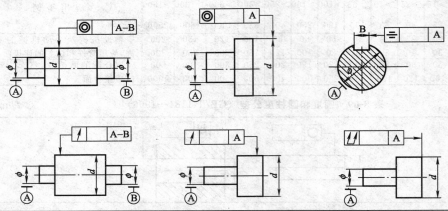

精度等级	主参数 $d(D),L,B/mm$											应用举例
	>3~6	>6~10	>10~18	>18~30	>30~50	>50~120	>120~250	>250~500	>500~800	>800~1250	>1250~2000	
7	8	10	12	15	20	25	30	40	50	60	80	8级和9级精度齿轮轴的配合面,拖拉机发动机分配轴轴颈,普通精度高速轴(1000r/min以下),长度在1m以下的主传动轴,起重运输机的鼓轮配合孔和导轮的滚动面
8	12	15	20	25	30	40	50	60	80	100	120	
9	25	30	40	50	60	80	100	120	150	200	250	10级和11级精度齿轮轴的配合面,发动机汽缸套配合面,水泵叶轮,离心泵泵件,摩托车活塞,自行车中轴
10	50	60	80	100	120	150	200	250	300	400	500	

表 8-72 表面粗糙度选用（GB/T 1182—1996）

R_a 值不大于/μm	表面状况	加工方法	应用举例
100	明显可见的刀痕	粗车、镗、刨、钻	粗加工的表面,如粗车、粗刨、切断等表面,用粗锉刀和粗砂轮等加工的表面,一般很少采用
25,50			粗加工后的表面,焊接前的焊缝、粗钻孔壁等
12.5	可见刀痕	粗车、刨、铣、钻	一般非结合表面,如轴的端面、倒角、齿轮及带轮的侧面、键槽的非工作表面,减重孔眼表面等
6.3	可见加工痕迹	车、镗、刨、钻、铣、锉、磨、粗铰、铣齿	不重要零件的非配合表面,如支柱、支架、外壳、衬套、轴、盖等的端面。紧固件的自由表面,紧固件通孔的表面,内、外花键的非定心表面,不作为计量基准的齿轮顶圆表面等
3.2	微见加工痕迹	车、镗、刨、铣、刮1~2点/cm²、拉、磨、锉、滚压、铣齿	和其他零件连接不形成配合的表面,如箱体、外壳、端盖等零件的端面。要求有定心及配合特性的固定支承面如定心的轴肩,键和键槽的工作表面。不重要的紧固螺纹的表面。需要滚花或氧化处理的表面等
1.6	看不清加工痕迹	车、镗、刨、铣、铰、拉、磨、滚压、刮1~2点/cm²、铣齿	安装直径超过80mm的G级轴承的外壳孔,普通精度齿轮的齿面,定位销孔,V带轮的表面,外径定心的内花键外径,轴承盖的定心凸肩表面等
0.8	可辨加工痕迹的方向	车、镗、拉、磨、立铣、刮3~10点/cm²、滚压	要求保证定心及配合特性的表面,如锥销与圆柱销的表面,与G级精度滚动轴承相配合的轴颈和外壳孔,中速转动的轴颈,直径超过80mm的E、D级滚动轴承配合的轴颈及外壳孔,内、外花键的定心内径,外花键键侧及定心外径,过盈配合IT7级的孔(H7),间隙配合IT8~IT9级的孔(H8,H9),磨削的轮齿表面等

R_a 值不大于/μm	表面状况	加工方法	应用举例
0.4	微辨加工痕迹的方向	铰、磨、镗、拉、刮 $3\sim10$ 点/cm²、滚压	要求长期保持配合性质稳定的配合表面,IT7级的轴、孔配合表面,精度较高的轮齿表面,受变应力作用的重要零件,与直径小于 80mm 的 E、D 轴承配合的轴颈表面,与橡胶密封件接触的轴表面,尺寸大于 120mm 的 IT13～IT16 级孔和轴用量规的测量表面
0.2	不可辨加工痕迹的方向	布轮磨、磨、研磨、超级加工	工作时受变应力作用的重要零件的表面。保证零件的疲劳强度、防腐性和耐久性,并在工作时不破坏配合性质的表面,如轴颈表面、要求气密的表面和支承表面、圆锥定心表面等。IT5、IT6级配合表面、高精度齿轮的齿面,与C级滚动轴承配合的轴颈表面,尺寸大于 315mm 的 IT7～IT9 级孔和轴用量规及尺寸大于 120～315mm 的 IT10～IT12 级孔和轴用量规的测量表面等

8.8 齿轮的精度标准

(1) 渐开线圆柱齿轮的精度 (摘自 GB/T 10095—2001)

① 精度等级及其选择 国标对渐开线齿轮及齿轮副规定了 13 个精度等级,从高到低分别用阿拉伯数字 0,1,2,…,12 表示。其中 0 级精度最高,12 级精度最低,7～9 级为常用精度等级。齿轮副中两个齿轮的精度等级一般相同,也允许不同。

国标按照齿轮加工误差的特性以及它们对传动性能的主要影响,将齿轮的各项公差和极限偏差分成三个组,见表 8-73。根据使用的要求不同,允许各公差组选用不同的精度等级。但在同一公差组内,各项公差与极限偏差应保持相同的精度等级。

表 8-73 齿轮的各项公差与极限偏差的分组

公差组	公差与极限偏差项目		对传动性能的主要影响
	代号	名 称	
I	F_i'	切向综合总公差	传递运动准确性
	F_p	齿距累积总公差	
	F_{pk}	齿距累积公差	
	F_i''	径向综合总公差	
	F_r	径向跳动公差	
II	f_i'	一齿切向综合公差	传动的平稳性、噪声、振动
	f_i''	一齿径向综合公差	
	F_α	齿廓总公差	
	$\pm f_{pt}$	单个齿距极限偏差	
	$f_{f\beta}$	螺旋线形状公差	
III	F_β	螺旋线总公差	载荷分布的均匀性
	F_b	接触线公差	
	$\pm F_{px}$	轴向齿距极限偏差	

选择齿轮的精度等级,应根据传动的用途、使用条件、传递功率和圆周速度及其他技术要求来确定。表 8-74 列出了普通减速器齿轮最低精度,供精度选择时参考。

表 8-74　普通减速器齿轮最低精度

齿轮圆周速度/(m/s)		精度等级(GB/T 10095—2001)		齿轮圆周速度/(m/s)		精度等级(GB/T 10095—2001)	
斜齿轮	直齿轮	斜齿轮	直齿轮	斜齿轮	直齿轮	斜齿轮	直齿轮
≤8	≤3	9-9-7	8-8-6	>12.5~18	>7~12	8-7-7	7-6-6
>12.5	>3~7	8-8-7	7-7-6	>18	>12~18	7-6-6	7-6-6

②　齿轮及齿轮副的检验与公差　国标对圆柱齿轮和齿轮副规定了一些检验项目见表 8-75。各检验项目的公差和极限偏差值见表 8-76～表 8-88。

表 8-75　推荐的圆柱齿轮和齿轮副检验项目

项目		精度等级	
		7～8	9
公差组	Ⅰ	F_p 或 F_r 与 F_w	
	Ⅱ	f_f 与 $\pm f_{pt}$ 或 f_f 与 $\pm f_{pb}$ 或 $\pm f_{pt}$ 与 $\pm f_{pb}$	
	Ⅲ	接触斑点或 F_β	
齿轮副	对齿轮	E_w 或 E_s	
	对传动	接触斑点，$\pm f_a$	
	对箱体	f_x, f_y	
齿轮毛坯公差		顶圆直径公差，基准面的径向跳动公差，基准面的端面跳动公差	

表 8-76　单个齿距极限偏差 $\pm f_{pt}$、齿距累积总公差 F_p 及齿廓总公差 F_α

分度圆直径 d/mm	法向模数 m_n/mm	$\pm f_{pt}$/μm				F_p/μm				F_α/μm			
		精度等级											
		6	7	8	9	6	7	8	9	6	7	8	9
20<d≤50	2<m_n≤3.5	7.5	11.0	15.0	22.0	21.0	30.0	42.0	59.0	10.0	14.0	20.0	29.0
	3.5<m_n≤6	8.5	12.0	17.0	24.0	22.0	31.0	44.0	62.0	12.0	18.0	25.0	35.0
50<d≤125	2<m_n≤3.5	8.5	12.0	17.0	23.0	27.0	38.0	53.0	76.0	11.0	16.0	22.0	31.0
	3.5<m_n≤6	9.0	13.0	18.0	26.0	28.0	39.0	55.0	78.0	13.0	19.0	27.0	38.0
	6<m_n≤10	10.0	15.0	21.0	30.0	29.0	41.0	58.0	82.0	16.0	23.0	33.0	46.0
125<d≤280	2<m_n≤3.5	9.0	13.0	18.0	26.0	35.0	50.0	70.0	100.0	13.0	18.0	25.0	36.0
	3.5<m_n≤6	10.0	14.0	20.0	28.0	36.0	51.0	72.0	102.0	15.0	21.0	30.0	42.0
	6<m_n≤10	11.0	16.0	23.0	32.0	37.0	53.0	75.0	106.0	18.0	25.0	36.0	50.0
280<d≤560	2<m_n≤3.5	10.0	14.0	20.0	29.0	46.0	65.0	92.0	131.0	15.0	21.0	29.0	41.0
	3.5<m_n≤6	11.0	16.0	22.0	31.0	47.0	66.0	94.0	133.0	17.0	24.0	34.0	48.0
	6<m_n≤10	12.0	17.0	25.0	35.0	48.0	68.0	97.0	137.0	20.0	28.0	40.0	56.0

表 8-77　f'_i/K 的比值、齿廓形状偏差 $\pm f_{f\alpha}$ 及齿廓倾斜极限偏差 $\pm f_{H\alpha}$

分度圆直径 d/mm	法向模数 m_n/mm	(f'_i/K)/μm				$\pm f_{f\alpha}$/μm				$\pm f_{H\alpha}$/μm			
		精度等级											
		6	7	8	9	6	7	8	9	6	7	8	9
20<d≤50	2<m_n≤3.5	24.0	34.0	48.0	68.0	8.0	11.0	16.0	22.0	6.5	9.0	13.0	18.0
	3.5<m_n≤6	27.0	38.0	54.0	77.0	9.5	14.0	19.0	27.0	8.0	11.0	16.0	22.0
50<d≤125	2<m_n≤3.5	25.0	36.0	51.0	72.0	8.5	12.0	17.0	24.0	7.0	10.0	14.0	20.0
	3.5<m_n≤6	29.0	40.0	57.0	81.0	10.0	15.0	21.0	29.0	8.5	12.0	17.0	24.0
	6<m_n≤10	33.0	47.0	66.0	93.0	13.0	18.0	25.0	36.0	10.0	15.0	21.0	29.0
125<d≤280	2<m_n≤3.5	28.0	39.0	56.0	79.0	9.5	14.0	19.0	28.0	8.0	11.0	16.0	23.0
	3.5<m_n≤6	31.0	44.0	62.0	88.0	12.0	16.0	23.0	33.0	9.5	13.0	19.0	27.0
	6<m_n≤10	35.0	50.0	70.0	100.0	14.0	20.0	28.0	39.0	11.0	16.0	23.0	32.0
280<d≤560	2<m_n≤3.5	31.0	44.0	62.0	87.0	11.0	16.0	22.0	32.0	9.0	13.0	18.0	26.0
	3.5<m_n≤6	34.0	48.0	68.0	96.0	13.0	18.0	26.0	37.0	11.0	15.0	21.0	30.0
	6<m_n≤10	38.0	54.0	76.0	108.0	15.0	22.0	31.0	43.0	13.0	18.0	25.0	35.0

表 8-78　螺旋线总公差 F_β、螺旋线形状公差 $f_{f\beta}$ 及螺旋线倾斜极限偏差 $\pm f_{H\beta}$

分度圆直径 d/mm	齿宽 b/mm	$F_\beta/\mu m$				$f_{f\beta}/\mu m \pm f_{H\beta}/\mu m$			
		精度等级							
		6	7	8	9	6	7	8	9
20<d≤50	10<b≤20	10.0	14.0	20.0	29.0	7.0	10.0	14.0	20.0
	20<b≤40	11.0	16.0	23.0	32.0	8.0	12.0	16.0	23.0
50<d≤125	10<b≤20	11.0	15.0	21.0	30.0	7.5	11.0	15.0	21.0
	10<b≤40	12.0	17.0	24.0	34.0	8.5	12.0	17.0	24.0
	40<b≤80	14.0	20.0	28.0	39.0	10.0	14.0	20.0	28.0
125<d≤280	10<b≤20	11.0	16.0	22.0	32.0	8.0	11.0	16.0	23.0
	20<b≤40	13.0	18.0	25.0	36.0	9.0	13.0	18.0	25.0
	40<b≤80	15.0	21.0	29.0	41.0	10.0	15.0	21.0	29.0
280<d≤560	20<b≤40	13.0	19.0	27.0	38.0	9.5	14.0	19.0	27.0
	40<b≤80	15.0	22.0	31.0	44.0	11.0	16.0	22.0	31.0
	80<b≤160	18.0	26.0	36.0	52.0	13.0	18.0	26.0	37.0

表 8-79　径向综合总公差 F_i'' 和一齿径向综合公差 f_i''

分度圆直径 d/mm	法向模数 m_n/mm	$F_i''/\mu m$				$f_i''/\mu m$			
		精度等级							
		6	7	8	9	6	7	8	9
20<d≤50	1.0<m_n≤1.5	23	32	45	64	6.5	9.0	13	18
	1.5<m_n≤2.5	26	37	52	73	9.5	13	19	26
50<d≤125	1.0<m_n≤1.5	27	39	55	77	6.5	9.0	13	18
	1.5<m_n≤2.5	31	43	61	86	9.5	13	19	26
	2.5<m_n≤4.0	36	51	72	102	14	20	29	41
125<d≤280	1.0<m_n≤1.5	34	48	68	97	6.5	9.0	13	18
	1.5<m_n≤2.5	37	53	75	106	9.5	13	19	27
	2.5<m_n≤4.0	43	61	86	121	15	21	29	41
	4.0<m_n≤6.0	51	72	102	144	22	31	44	62
280<d≤560	1.0<m_n≤1.5	43	61	86	122	6.5	9.0	13	18
	1.5<m_n≤2.5	46	65	92	131	9.5	13	19	27
	2.5<m_n≤4.0	52	73	104	146	15	21	29	41
	4.0<m_n≤6.0	60	84	119	169	22	31	44	62

表 8-80　径向跳动公差 F_r　　　　　　　　　　　　　　　　　　　$/\mu m$

分度圆直径 d/mm	法向模数 m_n/mm	精度等级				
		5	6	7	8	9
20<d≤50	2.0<m_n≤3.5	12	17	24	34	47
	3.5<m_n≤6.0	12	17	25	35	49
50<d≤125	2.0<m_n≤3.5	15	21	30	43	61
	3.5<m_n≤6.0	16	22	31	44	62
	6.0<m_n≤10	16	23	33	46	65
125<d≤280	2.0<m_n≤3.5	20	28	40	56	80
	3.5<m_n≤6.0	20	29	41	58	82
	6.0<m_n≤10	21	30	42	60	85
280<d≤560	2.0<m_n≤3.5	36	37	52	74	105
	3.5<m_n≤6.0	27	38	53	75	106
	6.0<m_n≤10	27	39	55	77	109

表 8-81　公法线长度 W'（$m_n = m = 1\text{mm}$，$\alpha_n = \alpha = 20°$）

齿轮齿数 z	跨测齿数 K	公法线长度 W'/mm	齿轮齿数 z	跨测齿数 K	公法线长度 W'/mm	齿轮齿数 z	跨测齿数 K	公法线长度 W'/mm	齿轮齿数 z	跨测齿数 K	公法线长度 W'/mm	齿轮齿数 z	跨测齿数 K	公法线长度 W'/mm
11	2	4.5823	41	5	13.8588	71	8	23.1353	101	12	35.3640	131	15	44.6406
12	2	4.5963	42	5	13.8728	72	9	26.1015	102	12	35.3780	132	15	44.6546
13	2	4.6103	43	5	13.8868	73	9	26.1155	103	12	35.3920	133	15	44.6686
14	2	4.6243	44	5	13.9008	74	9	26.1295	104	12	35.4060	134	15	44.6826
15	2	4.6383	45	6	16.8670	75	9	26.1435	105	12	35.4200	135	16	47.6490
16	2	4.6523	46	6	16.8810	76	9	26.1575	106	12	35.4340	136	16	47.6627
17	2	4.6663	47	6	16.8950	77	9	26.1715	107	12	35.4481	137	16	47.6767
18	3	7.6324	48	6	16.9090	78	9	26.1855	108	13	38.4142	138	16	47.6907
19	3	7.6464	49	6	16.9230	79	9	26.1995	109	13	38.4282	139	16	47.7047
20	3	7.6604	50	6	16.9370	80	9	26.2133	110	13	38.4422	140	16	47.7187
21	3	7.6744	51	6	16.9510	81	10	29.1797	111	13	38.4562	141	16	47.7327
22	3	7.6884	52	6	16.9660	82	10	29.1937	112	13	38.4702	142	16	47.7468
23	3	7.7024	53	6	16.9790	83	10	29.2077	113	13	38.4842	143	16	47.7608
24	3	7.7165	54	7	19.9452	84	10	29.2217	114	13	38.4982	144	17	50.7270
25	3	7.7305	55	7	19.9591	85	10	29.2357	115	13	38.5122	145	17	50.7409

表 8-82　当量齿数系数 K_β（$\alpha_n = 20°$）

β	K_β	差值	β	K_β	差值	β	K_β	差值	β	K_β	差值
1°	1.000		9°	1.036		17°	1.136		25°	1.323	
		0.002			0.009			0.018			0.031
2°	1.002		10°	1.045		18°	1.154		26°	1.354	
		0.002			0.009			0.019			0.034
3°	1.004		11°	1.054		19°	1.173		27°	1.388	
		0.003			0.011			0.021			0.036
4°	1.007		12°	1.065		20°	1.194		28°	1.424	
		0.004			0.012			0.022			0.038
5°	1.011		13°	1.077		21°	1.216		29°	1.462	
		0.005			0.013			0.024			0.042
6°	1.016		14°	1.090		22°	1.240		30°	1.504	
		0.006			0.014			0.026			0.044
7°	1.022		15°	1.104		23°	1.266		31°	1.548	
		0.006			0.015			0.027			0.047
8°	1.028		16°	1.119		24°	1.293		32°	1.595	
		0.008			0.017			0.030			

注：对于 β 为中间值的系数 K_β 和差值可按内插法求出。

表 8-83　公法线长度的修正值 $\Delta W'$

$\Delta Z'$	0	0.01	0.02	0.03	0.04	0.05	0.06	0.07	0.08	0.09
0	0.000	0.0001	0.0003	0.0004	0.0006	0.0007	0.0008	0.0010	0.0011	0.0013
0.1	0.0014	0.0015	0.0017	0.0018	0.0020	0.0021	0.0022	0.0024	0.0025	0.0027
0.2	0.0028	0.0029	0.0031	0.0032	0.0034	0.0035	0.0036	0.0038	0.0039	0.0041
0.3	0.0042	0.0043	0.0045	0.0046	0.0048	0.0049	0.0051	0.0052	0.0053	0.0055
0.4	0.0056	0.0057	0.0059	0.0060	0.0061	0.0063	0.0064	0.0066	0.0067	0.0069
0.5	0.0070	0.0071	0.0073	0.0074	0.0076	0.0077	0.0079	0.0080	0.0081	0.0083
0.6	0.0084	0.0085	0.0087	0.0088	0.0089	0.0091	0.0092	0.0094	0.0095	0.0097
0.7	0.0098	0.0099	0.0101	0.0102	0.0104	0.0105	0.0106	0.0108	0.0109	0.0111
0.8	0.0112	0.0114	0.0115	0.0116	0.0118	0.0119	0.0120	0.0122	0.0123	0.0124
0.9	0.0126	0.0127	0.0129	0.0130	0.0132	0.0133	0.0135	0.0136	0.0137	0.0139

注：例如，当 $\Delta Z' = 0.65$ 时，由此表查得 $\Delta W' = 0.0091$。

表 8-84　齿轮副的中心距极限偏差和接触斑点

Ⅱ组精度等级	中心距极限偏差$\pm f_a$/μm							Ⅲ组精度等级	接触斑点/%	
	齿轮副的中心距/mm								按高度不小于	按长度不小于
	>30~50	>50~80	>80~120	>120~180	>180~250	>250~315	>315~400			
7~8	19.5	23	27	31.5	36	40.5	44.5	7	45(35)	60
9~10	31	37	43.5	50	57.5	65	70	8	40(30)	50
								9	30	40

注：1. 采用设计齿形和设计齿线时，接触斑点的分布位置及大小可自行规定。
　　2. 表中括号内数值用于轴向重合度 $\varepsilon_\beta > 0.8$ 的斜齿轮。

表 8-85　齿厚极限偏差 E_s 参考值

Ⅱ组精度	法向模数 m_n/mm	分度圆直径/mm							
		≤80	>80~125	>125~180	>180~250	>250~315	>315~400	>400~500	>500~630
7	≥1~3.5	HK	HK	HK	HK	JL	KL	JL	KM
	>3.5~6.3	GJ	GJ	GJ	HK	HK	HK	JL	JL
	>6.3~10	GH	GH	GJ	GJ	HK	HK	HK	HK
8	≥1~3.5	GJ	GJ	GJ	HK	HK	HK	HK	HK
	≥3.5~6.3	FG	GH	GJ	GJ	GJ	GJ	HK	HK
	>6.3~10	FG	FG	FH	GH	GH	GH	GH	GJ
9	≥1~3.5	FH	GJ	GJ	GJ	GJ	HK	HK	HK
	>3.5~6.3	FG	FG	FH	FH	GJ	GJ	GJ	GJ
	>6.3~10	FG	FG	FG	FG	FG	GH	GH	GH

注：本表不属于 GB/T 10095—2001，仅供参考。表中偏差值适用于一般传动。

表 8-86　圆柱齿轮主要加工表面粗糙度 R_a 的推荐值　　　　/μm

加工面 粗糙度 R_a 值 Ⅱ组精度等级	轮齿齿面	基准孔(轴孔)	基准轴颈(齿轮轴)	基准端面	齿顶圆柱面	
					作测量基准	不作测量基准
7	0.8~1.6	0.8~1.6	0.8	3.2	1.6~3.2	6.3~12.5
8	1.6~3.2	1.6	1.6		3.2	
9	3.2~6.3	3.2	1.6		6.3	

表 8-87　齿坯公差

齿轮精度等级[1]	孔		轴		齿顶圆直径公差		基准面径向跳动[2]和端面圆跳动/μm		
	尺寸公差	形状公差	尺寸公差	形状公差	作测量基准	不作测量基准	分度圆直径/mm		
							≤125	>125~400	>400~800
7~8	IT7		IT6		IT8	按IT11给定，但不大于 $0.1m_n$	18	22	32
9~10	IT8		IT7		IT9		28	36	50

① 当三个公差组的精度等级不同时，按最高的精度等级确定公差值。
② 当以顶圆作基准面时，基准面径向跳动指顶圆径向跳动。

表 8-88　轴线平行度公差

x 方向轴线平行度公差 $f_x = F_\beta$	F_β 见表 8-78
y 方向轴线平行度公差 $f_y = \dfrac{1}{2} F_\beta$	

　　③ 齿轮副的侧隙　齿轮副的侧隙是通过选择适当的中心距偏差，齿厚极限偏差（或公法线平均长度偏差）等来保证。标准中规定了 14 种齿厚的极限偏差，分别用代号 C、D、

E、…、S 来表示。齿厚的极限偏差中的上偏差 E_{ss} 和下偏差 E_{si} 分别用两个偏差代号来确定。例如上偏差选用 F，下偏差选用 L，则齿厚极限偏差用代号 FL 表示。

（2）锥齿轮的精度（摘自 GB/T 11365—1989）

国标对齿轮及其齿轮副规定了 12 个精度等级，第 1 级的精度最高，第 12 级的精度最低。按照误差特性及其对传动性能的影响，将锥齿轮及其齿轮副的公差项目分成三个公差组见表 8-89。选择精度时，应考虑圆周速度、使用条件及其他技术要求等有关因素。选用时，允许各公差组选用相同或不同的精度等级。但对齿轮副中大、小齿轮的同一公差组，应规定相同的精度等级。表 8-90 为锥齿轮第 Ⅱ 公差组精度等级与圆周速度的关系。

表 8-89　锥齿轮及齿轮副各项公差与极限偏差分组

公差组	公差与极限偏差项目		对传动性能的主要影响
	代号	名　称	
Ⅰ	F_i'	切向综合总公差	传递运动的准确性
	F_p	齿距累积总公差	
	F_{pk}	齿距累积公差	
	$F_{i\Sigma}''$	轴交角综合公差	
	F_r	齿圈跳动公差	
Ⅱ	f_i'	一齿切向公差	传动的平稳性
	$f_{i\Sigma}''$	一齿轴交角综合公差	
	f_c	齿形相对误差的公差	
	$\pm f_{pt}$	单个齿距极限偏差	
	f_{zk}'	周期误差的公差	
Ⅲ		接触斑点	载荷分布的均匀性

表 8-90　锥齿轮第 Ⅱ 公差组精度等级与圆周速度的关系

类别	齿面硬度 HBS	第 Ⅱ 公差组精度等级		
		7	8	9
		圆周速度/(m/s)≤		
直齿	≤350	7	4	3
	>350	6	3	2.5
非直齿	≤350	16	9	6
	>350	13	7	5

注：圆周速度按齿宽中点分度圆直径计算。

根据齿轮的工作要求，可在各公差组中任选一个检验组评定和验收齿轮的精度，此外，齿轮副的检验内容还包括对侧隙的要求。锥齿轮的检验项目见表 8-91，各检验项目的公差值和极限偏差值见表 8-92～表 8-98。

表 8-91　推荐的锥齿轮及齿轮副的检验项目

项　目			精度等级		
			7	8	9
锥齿轮	公差组	Ⅰ	F_p		F_r
		Ⅱ	$\pm f_{pt}$		
		Ⅲ	接触斑点		
锥齿轮副	对齿轮		E_{ss}, E_{si}		
	对箱体		$\pm f_a$		
	对传动		$\pm f_{AM}, \pm f_a, \pm E_\Sigma, j_{nmin}$		
齿轮毛坯			齿坯锥顶母线跳动公差，基准端面跳动公差，外径尺寸极限偏差，齿坯轮冠距和顶锥角极限偏差		

表 8-92　锥齿轮常用公差和接触斑点值　　　/μm

公差组别	检验项目	精度等级 中点分度圆直径/mm 中点法向模数/mm	7 ≤125	7 >125~400	8 ≤125	8 >125~400	9 ≤125	9 >125~400
I	齿数跳动公差 F_r	≥1~3.5	36	50	45	63	56	80
		>3.5~6.3	40	56	50	71	63	90
		>6.3~10	45	63	56	80	71	100
	齿数副轴交角综合公差 $F'_{i\Sigma c}$	≥1~3.5	67	100	85	125	110	160
		>3.5~6.3	75	105	95	130	120	170
		>6.3~10	85	120	105	150	130	180
	齿轮副侧隙变动公差[1] F_{vj}	≥1~3.5					75	110
		>3.5~6.3					80	120
		>6.3~10					90	130
II	齿距极限偏差 $\pm f_{pt}$	≥1~3.5	14	16	20	22	28	32
		>3.5~6.3	18	20	25	28	36	40
		>6.3~10	20	22	28	32	40	45
	齿形相对误差的公差 f_c	≥1~3.5	8	9	10	13		
		>3.5~6.3	9	11	13	15		
		>6.3~10	11	13	17	19		
	齿轮副一齿轴交角综合公差 $F''_{i\Sigma c}$	≥1~3.5	28	32	40	45	53	60
		>3.5~6.3	36	40	50	56	60	67
		>6.3~10	40	45	56	63	71	80
III	接触斑点[2]/%	沿齿长方向	50~70				35~65	
		沿齿高方向	55~75				40~70	

① 取大、小轮中点分度圆直径之和的一半作为查表直径。当两齿轮的齿数比为不大于 3 的整数且采用选配时，应将表中 F_{vj} 值压缩 25% 或更多。

② 接触斑点的形状、位置和大小，由设计者根据齿轮的用途、载荷和轮齿刚性及齿线形状特点等条件自行规定。表中接触斑点大小与精度等级的关系可供参考。对齿面修形的齿轮，在齿面大端、小端和齿顶边缘处不允许出现接触斑点；对齿面不修形的齿轮，其接触斑点大小不小于表中平均值。

表 8-93　最小法向侧隙 j_{nmin} 值　　　/μm

中点锥距/mm 大于	中点锥距/mm 至	小轮分锥角/(°) 大于	小轮分锥角/(°) 至	最小法向侧隙种类 h	e	d	c	b	a
—	50	—	15	0	15	22	36	58	90
		15	25	0	21	33	52	84	130
		25	—	0	25	39	62	100	160
50	100	—	15	0	21	33	52	84	130
		15	25	0	25	39	62	100	160
		25	—	0	30	46	74	120	190
100	200	—	15	0	25	39	62	100	160
		15	25	0	35	54	87	140	220
		25	—	0	40	63	100	160	250
200	400	—	15	0	30	46	74	120	190
		15	25	0	46	72	115	185	290
		25	—	0	52	81	130	210	320
400	800	—	15	0	40	63	100	160	250
		15	25	0	57	89	140	230	360
		25	—	0	70	110	175	280	440

注：1. 正交齿轮副按中点锥距 R 查表，非正交齿轮副按下式算出的 R' 查表：

$$R' = \frac{R}{2}(\sin 2\delta_1 + \sin 2\delta_2)$$

式中，δ_1 和 δ_2 为大、小轮分锥角。

2. 准双曲面齿轮副按大轮中点锥距查表。

表 8-94　齿厚上偏差 E_{ss} 值　　　　　　　　　　　　　　　　　　/μm

<table>
<tr><td rowspan="4">基本值</td><td colspan="2" rowspan="2">中点法向
模数/mm</td><td colspan="9">中点分度圆直径/mm</td></tr>
<tr><td colspan="3">≤125</td><td colspan="3">>125~400</td><td colspan="3">>400~800</td></tr>
<tr><td colspan="9">分锥角/(°)</td></tr>
<tr><td>≤20</td><td>>20~45</td><td>>45</td><td>≤20</td><td>>20~45</td><td>>45</td><td>≤20</td><td>>20~45</td><td>>45</td></tr>
<tr><td colspan="2">≥1~3.5</td><td>−20</td><td>−20</td><td>−22</td><td>−28</td><td>−32</td><td>−30</td><td>−36</td><td>−50</td><td>−45</td></tr>
<tr><td colspan="2">≥3.5~6.3</td><td>−22</td><td>−22</td><td>−25</td><td>−32</td><td>−32</td><td>−30</td><td>−38</td><td>−55</td><td>−45</td></tr>
<tr><td colspan="2">≥6.3~10</td><td>−25</td><td>−25</td><td>−28</td><td>−36</td><td>−36</td><td>−34</td><td>−40</td><td>−55</td><td>−50</td></tr>
<tr><td rowspan="4">系数</td><td colspan="2">最小法向侧隙种类</td><td colspan="2">h</td><td colspan="2">e</td><td>d</td><td colspan="2">c</td><td>b</td><td>a</td></tr>
<tr><td rowspan="3">第Ⅱ公差组
精度等级</td><td>7</td><td colspan="2">1.0</td><td colspan="2">1.6</td><td>2.0</td><td colspan="2">2.7</td><td>3.8</td><td>5.5</td></tr>
<tr><td>8</td><td colspan="2">—</td><td colspan="2">—</td><td>2.2</td><td colspan="2">3.0</td><td>4.2</td><td>6.0</td></tr>
<tr><td>9</td><td colspan="2">—</td><td colspan="2">—</td><td>—</td><td colspan="2">3.2</td><td>4.6</td><td>6.6</td></tr>
</table>

注：1. 各最小法向侧隙种类和各精度等级齿轮的 E_{ss} 值，由基本值栏查出的数值乘以系数得出。
　　2. 允许把大、小轮齿厚上偏差（$E_{ss1}+E_{ss2}$）之和，重新分配在两个齿轮上。

表 8-95　齿厚公差 T_s 值　　　　　　　　　　　　　　　　　　/μm

齿圈径向跳动公差 F_r		法向侧隙公差种类				
大于	至	H	D	C	B	A
32	40	42	55	70	85	110
40	50	50	65	80	100	130
50	60	60	75	95	120	150
60	80	70	90	110	130	180
80	100	90	110	140	170	220
100	125	110	130	170	200	260
125	160	130	160	200	250	320

表 8-96　齿坯公差

精度等级	6	7	8	9
基准轴颈尺寸公差	IT5	IT6		IT7
基准孔径尺寸公差	H6	H7		H8
外径尺寸极限偏差		h8		h9

注：当三个公差组精度等级不同时，公差值按最高的精度等级查取。

表 8-97　齿坯顶锥母线跳动和基准端面圆跳动公差

<table>
<tr><td rowspan="3">精度等级</td><td colspan="5">顶锥母线跳动公差/μm</td><td colspan="5">基准端面圆跳动公差/μm</td></tr>
<tr><td colspan="5">外径/mm</td><td colspan="5">基准端面直径/mm</td></tr>
<tr><td>≤30</td><td>>30~50</td><td>>50~120</td><td>>120~250</td><td>>250~500</td><td>≤30</td><td>>30~50</td><td>>50~120</td><td>>120~250</td><td>>250~500</td></tr>
<tr><td>7~8</td><td>25</td><td>30</td><td>40</td><td>50</td><td>60</td><td>10</td><td>12</td><td>15</td><td>20</td><td>25</td></tr>
<tr><td>9</td><td>50</td><td>60</td><td>80</td><td>100</td><td>120</td><td>15</td><td>20</td><td>25</td><td>30</td><td>40</td></tr>
</table>

注：当三个公差组精度等级不同时，公差值按最高的精度等级查取。

表 8-98　齿坯轮冠距和顶锥角极限偏差

中点法向模数/mm	轮冠距极限偏差/μm	顶锥角极限偏差/(′)
≤1.2	0 −50	+15 0
>1.2~10	0 −75	+8 0
>10	0 −100	+8 0

8.9 圆柱蜗杆、蜗轮的精度

国标 GB/T 10089—1988 对蜗杆传动规定了 12 个精度等级，1 级精度最高，12 级精度最低。按公差特性对传动性能的影响将蜗杆传动公差分成三个公差组，根据使用的要求不同，允许各公差组选用不同的精度等级。但在同一公差组内，各项公差与极限偏差应保持相同的精度等级。

蜗杆、蜗轮的精度应根据传动用途、使用条件、传递功率、圆周速度以及其他技术要求决定，其中第Ⅱ公差组主要由蜗轮的圆周速度决定，见表 8-99。

表 8-99 蜗杆和蜗轮第Ⅱ公差组精度等级

项　目	第Ⅱ公差组精度等级		
	7	8	9
蜗轮圆周速度/m·s^{-1}	≤7.5	≤3	≤1.5

根据蜗杆传动的工作要求和生产规模，在各公差组中选定一个检验组来评定和验收蜗杆、蜗轮的精度。对于动力传动的一般圆柱蜗杆传动推荐的检验项目见表 8-100，各检验项目的公差值和极限偏差值见表 8-101～表 8-107。

表 8-100 推荐的圆柱蜗杆、蜗轮和蜗杆传动的检验项目

项目		蜗杆、蜗轮的公差组						蜗杆副				毛坯公差
		Ⅰ		Ⅱ		Ⅲ		对蜗杆	对蜗轮	对箱体	对传动	
		蜗杆	蜗轮	蜗杆	蜗轮	蜗杆	蜗轮					
精度等级	7	—	F_p	$\pm f_{px}$、f_{px1}、f_r	$\pm f_{pt}$	f_{f1}	f_{f2}	ES_{s1} EI_{s1}	$\pm f_{ao}$、$\pm f_{xo}$、$\pm f_{\Sigma o}$、ES_{s2}、EI_{s2}	$\pm f_a$、$\pm f_x$、$\pm f_\Sigma$	接触斑点、$\pm f_a$、j_{nmin}	蜗杆、蜗轮齿坯尺寸公差，形状公差，基准面径向和端面跳动公差
	8											
	9		F_r									

注：1. $\pm f_{ao}$——加工时的中心距极限偏差，可取 $\pm f_{ao} = \pm 0.75 f_a$；
　　 $\pm f_{xo}$——加工时的中间平面极限偏差，可取 $\pm f_{xo} = \pm 0.75 f_x$；
　　 $\pm f_{\Sigma o}$——加工时的轴交角极限偏差，可取 $\pm f_{\Sigma o} = \pm 0.75 f_\Sigma$。
2. 当蜗杆副的接触斑点有要求时，蜗轮的齿形误差 f_{f2} 可不检验。

表 8-101 蜗杆的公差和极限偏差 /μm

第Ⅱ公差组																第Ⅲ公差组		
蜗杆齿槽径向跳动公差 f_r[1]					蜗杆一转螺旋线公差 f_h			蜗杆螺旋线公差 f_{hL}			蜗杆轴向齿距极限偏差 $\pm f_{px}$			蜗杆轴向齿距累积公差 f_{pxL}			蜗杆齿形公差 f_{f1}		
分度圆直径 d_1/mm	模数 m/mm	精度等级		模数 m/mm	精 度 等 级														
		7	8	9		7	8	9	7	8	9	7	8	9	7	8	9	7	8	9
>31.5～50	≥1～10	17	23	32	≥1～3.5	14	—	—	32	—	—	11	14	20	18	25	36	16	22	32
>50～80	≥1～16	18	25	36	>3.5～6.3	20	—	—	40	—	—	14	20	25	24	34	48	22	32	45
>80～125	≥1～16	20	28	40	>6.3～10	25	—	—	50	—	—	17	25	32	32	45	63	28	40	53
>125～180	≥1～25	25	32	45	>10～16	32	—	—	63	—	—	22	32	40	40	56	80	36	53	75

[1] 当蜗杆齿形角 $\alpha \neq 20°$ 时，f_r 值为本表公差值乘以 $\sin 20°/\sin\alpha$。

表 8-102　蜗轮的公差和极限偏差　　/μm

第Ⅰ公差组					第Ⅱ公差组									第Ⅲ公差组					
分度圆弧长 L/mm	蜗轮齿距累积公差 F_p 及 K 个齿距累积公差 F_{pK}			分度圆直径 d_2/mm	模数 m/mm	蜗轮径向综合公差 F_i''			蜗轮齿圈径向跳动公差 F_r			蜗轮一齿径向综合公差 f_i''			蜗轮齿距极限偏差 $\pm f_{pt}$			蜗轮齿形公差 f_{t2}		
	精度等级					精度等级														
	7	8	9			7	8	9	7	8	9	7	8	9	7	8	9	7	8	9
>11.2~20	22	32	45	≤125	≥1~3.5	56	71	90	40	50	63	20	28	36	14	20	28	11	14	22
>20~32	28	40	56		>3.5~6.3	71	90	112	50	63	80	25	36	45	18	25	36	14	20	32
>32~50	32	45	63		>6.3~10	80	100	125	56	71	90	28	40	50	20	28	40	17	22	36
>50~80	36	50	71	>125~400	≥1~3.5	63	80	100	45	56	71	22	28	40	16	22	32	13	18	28
>80~160	45	63	90		>3.5~6.3	80	100	125	56	71	90	28	40	50	20	28	40	16	20	36
>160~315	63	90	125		>6.3~10	90	112	140	63	80	100	32	45	56	22	32	45	19	24	45
>315~630	90	125	180		>10~16	100	125	160	71	90	112	36	50	63	25	36	50	22	32	50

注：1. 查 F_p 时，取 $L=\pi d_2/2=\pi m z_2/2$；查 F_{pK} 时，取 $L=K\pi m$（K 为 2 到小于 $z_2/2$ 的整数）。除特殊情况外，对于 F_{pK}，K 值规定取为小于 $z_2/6$ 的最大整数。

2. 当蜗杆齿形角 $\alpha \neq 20°$ 时，F_r、F_i''、f_i'' 的值为本表对应的公差值乘以 $\sin 20°/\sin\alpha$。

表 8-103　传动接触斑点的要求和中心距极限偏差 $\pm f_a$、中间平面极限偏差 $\pm f_x$、轴交角极限偏差 $\pm f_\Sigma$　　/μm

传动接触斑点的要求					传动中心距 a/mm	传动中心距极限偏差 $\pm f_a$			传动中间平面极限偏差 $\pm f_x$			传动轴交角极限偏差 $\pm f_\Sigma$			
		第Ⅲ公差组精度等级				第Ⅲ公差组精度等级						蜗轮齿宽 b_2/mm	第Ⅲ公差组精度等级		
		7	8	9		7	8	9	7	8	9		7	8	9
接触面积的百分比/%	沿齿高不小于	55		45	>30~50	31	50		25	40		≤30	12	17	24
	沿齿长不小于	50		40	>50~80	37	60		30	48		>30~50	14	19	28
接触位置		接触斑点痕迹应偏于啮出端，但不允许在齿顶和啮入、啮出端的棱边接触			>80~120	44	70		36	56		>50~80	16	22	32
					>120~180	50	80		40	64					
					>180~250	58	92		47	74		>80~120	19	24	36
					>250~315	65	105		52	85		>120~180	22	28	42
					>315~400	70	115		56	92		>180~250	25	32	48

表 8-104　传动的最小法向侧隙 j_{nmin}　　/μm

传动中心距 a/mm	侧隙种类							
	h	g	f	e	d	c	b	a
>30~50	0	11	16	25	39	62	100	160
>50~80	0	13	19	30	46	74	120	190
>80~120	0	15	22	35	54	87	140	220
>120~180	0	18	25	40	63	100	160	250
>180~250	0	20	29	46	72	115	185	290
>250~315	0	23	32	52	81	130	210	320
>315~400	0	25	36	57	89	140	230	360

表 8-105　蜗杆齿厚公差 T_{s1} 和蜗轮齿厚公差 T_{s2}　　/μm

第Ⅱ公差组精度等级	蜗杆齿厚公差 T_{s1}[1]				蜗轮齿厚公差 T_{s2}[2]								
	模数 m/mm				蜗轮分度圆直径 d_2/mm								
					≤125			>125~400			>400~800		
					模数 m/mm								
	≥1~3.5	>3.5~6.3	>6.3~10	>10~16	≥1~3.5	>3.5~6.3	>6.3~10	≥1~3.5	>3.5~6.3	>6.3~10	>10~16	>3.5~6.3	>6.3~10	>10~16
7	45	56	71	95	90	110	120	100	120	130	140	120	130	160
8	53	71	90	120	110	130	140	120	140	160	170	140	160	190
9	67	90	110	150	130	160	170	140	170	190	210	170	190	230

① 当传动最大法向侧隙 j_{nmax} 无要求时，允许蜗杆齿厚公差 T_{s1} 增大，最大不超过 2 倍。

② 在最小法向侧隙能保证的条件下，T_{s2} 公差带允许采用对称分布。

表 8-106　蜗杆齿厚上偏差误差补偿 $E_{s\Delta}$ 值　　　　　　　　　　　　　　/μm

传动中心矩 a/mm	蜗杆第Ⅱ公差组精度等级											
	7				8				9			
	模数 m/mm											
	≥1~3.5	>3.5~6.3	>6.3~10	>10~16	≥1~3.5	>3.5~6.3	>6.3~10	>10~16	≥1~3.5	>3.5~6.3	>6.3~10	>10~16
>30~50	48	56	63	—	56	71	85	—	80	95	115	—
>50~80	50	58	65	—	58	75	90	—	90	100	120	—
>80~120	56	63	71	80	63	78	90	110	95	105	125	160
>120~180	60	68	75	85	68	80	95	115	100	110	130	165
>180~250	71	75	80	90	75	85	100	115	110	120	140	170
>250~315	75	80	85	95	80	90	100	120	120	130	145	180
>315~400	80	85	90	100	85	95	105	125	130	140	155	185

表 8-107　蜗杆、蜗轮齿坯公差和齿坯基准面径向和端面跳动公差

精度[①] 等级	齿坯尺寸和形状公差					齿坯基准面径向和端面跳动公差/μm				
	尺寸公差		形状公差		齿顶圆[②] 直径公差	基准面直径 d/mm				
	孔	轴	孔	轴		≤31.5	>31.5~63	>63~125	>125~400	>400~800
7,8	IT7	IT6	IT6	IT5	IT8	7	10	14	18	22
9	IT8	IT7	IT7	IT6	IT9	10	16	22	28	36

①　当 3 个公差组的精度等级不同时，按最高精度等级确定公差。

②　当以齿顶圆作为测量齿厚基准时，齿顶圆也为蜗杆、蜗轮的齿坯基准面。当齿顶圆不作测量齿厚基准时，其尺寸公差按 IT11 确定，但不得大于 0.1mm。

8.10　电动机

电动机种类很多，本教材仅选用最常见的 Y 系列全封闭自扇冷式笼型三相异步电动机。其具有高效、节能、性能好、振动小、噪声低、寿命长、可靠性高、维护方便、启动转矩大等优点。适用于额定电压为 380V 且无特殊要求的机械设备，如机床、运输机、农业机械、食品机械、风机、搅拌机、空气压缩机等。

Y 系列三相异步电动机按 JB/T 10391—2002 标准设计制造。其代号含义如下：

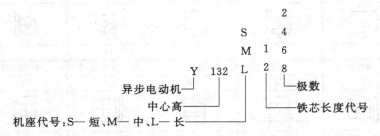

Y 系列三相异步电动机的技术参数及安装见表 8-108～表 8-110。

表 8-108　Y 系列三相异步电动机的技术参数

电动机型号	额定功率/kW	满载转速/r·min⁻¹	堵转转矩额定转矩	最大转矩额定转矩	电动机型号	额定功率/kW	满载转速/r·min⁻¹	堵转转矩额定转矩	最大转矩额定转矩
同步转速 3000r/min，2 极					同步转速 1500r/min，4 极				
Y801-2	0.75	2825	2.2	2.2	Y801-4	0.55	1390	2.2	2.2
Y802-2	1.1	2825	2.2	2.2	Y802-4	0.75	1390	2.2	2.2
Y90S-2	1.5	2840	2.2	2.2	Y90S-4	1.1	1400	2.2	2.2
Y90L-2	2.2	2840	2.2	2.2	Y90L-4	1.5	1400	2.2	2.2
Y100L-2	3	2880	2.2	2.2	Y100L1-4	2.2	1420	2.2	2.2
Y112M-2	4	2890	2.2	2.2	Y100L2-4	3	1420	2.2	2.2
Y132S1-2	5.5	2920	2.0	2.2	Y112M-4	4	1440	2.2	2.2
Y132S2-2	7.5	2920	2.0	2.2	Y132S-4	5.5	1440	2.2	2.2
Y160M1-2	11	2930	2.0	2.2	Y132M-4	7.5	1440	2.2	2.2
Y160M2-2	15	2930	2.0	2.2	Y160M-4	11	1460	2.2	2.2
Y160L-2	18.5	2930	2.0	2.2	Y160L-4	15	1460	2.2	2.2
Y180M-2	22	2940	2.0	2.2	Y180M-4	18.5	1470	2.0	2.2
Y200L1-2	30	2950	2.0	2.2	Y180L-4	22	1470	2.0	2.2
Y200L2-2	37	2950	2.0	2.2	Y200L-4	30	1470	2.0	2.2
Y225M-2	45	2970	2.0	2.2	Y225S-4	37	1480	1.9	2.2
Y250M-2	55	2970	2.0	2.2	Y225M-4	45	1480	1.9	2.2
同步转速 1000r/min，6 极					Y250M-4	55	1480	2.0	2.2
Y90S-6	0.75	910	2.0	2.0	Y280S-4	75	1480	1.9	2.2
Y90L-6	1.1	910	2.0	2.0	Y280M-4	90	1480	1.9	2.2
Y100L-6	1.5	940	2.0	2.0	同步转速 750r/min，8 极				
Y112M-6	2.2	940	2.0	2.0	Y132S-8	2.2	710	2.0	2.0
Y132S-6	3	960	2.0	2.0	Y132M-8	3	710	2.0	2.0
Y132M1-6	4	960	2.0	2.0	Y160M1-8	4	720	2.0	2.0
Y132M2-6	5.5	960	2.0	2.0	Y160M2-8	5.5	720	2.0	2.0
Y160M-6	7.5	970	2.0	2.0	Y160L-8	7.5	720	2.0	2.0
Y160L-6	11	970	2.0	2.0	Y180L-8	11	730	1.7	2.0
Y180L-6	15	970	1.8	2.0	Y200L-8	15	730	1.8	2.0
Y200L1-6	18.5	970	1.8	2.0	Y225S-8	18.5	730	1.7	2.0
Y200L2-6	22	970	1.8	2.0	Y225M-8	22	730	1.8	2.0
Y225M-6	30	980	1.7	2.0	Y250M-8	30	730	1.8	2.0
Y250M-6	37	980	1.8	2.0	Y280S-8	37	740	1.8	2.0
Y280S-6	45	980	1.8	2.0	Y280M-8	45	740	1.8	2.0
Y280M-6	55	980	1.8	2.0	Y315S-8	55	740	1.6	2.0

表 8-109　Y 系列电动机安装代号

安装形式	基本安装形式	由 B3 派生的安装形式				
	B3	V5	V6	B6	B7	B8
示意图						
中心高/mm	80～280	80～160				
安装形式	基本安装形式	由 B5 派生的安装形式		基本安装形式	由 B35 派生的安装形式	
	B5	V1	V3	B35	V15	V36
示意图						
中心高/mm	80～225	80～280	80～160	80～280	80～160	

表 8-110 Y 系列电动机的安装及外形尺寸 /mm

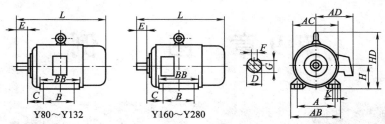

Y80～Y132   Y160～Y280

机座号	极数	A	B	C	D	E	F	G	H	K	AB	AC	AD	HD	BB	L
80	2,4	125	100	50	19	40	6	15.5	80	10	165	165	150	170	130	285
90S		140		56	24	50		20	90		180	175	155	190		310
90L	2,4,6	140	125	56	24	50	8	20	90	10	180	175	155	190	155	335
100L		160		63	28	60		24	100	12	205	205	180	245	170	380
112M		190	140	70	28	60		24	112	12	245	230	190	265	180	400
132S		216		89	38	80	10	33	132		280	270	210	315	200	475
132M		216	178	89	38	80	10	33	132		280	270	210	315	238	515
160M		254	210	108	42		12	37	160	15	330	325	255	385	270	600
160L	2,4,6,8	254	254	108	42	110	12	37	160	15	330	325	255	385	314	645
180M		279	241	121	48	110	14	42.5	180		355	360	285	430	311	670
180L		279	279	121	48		14	42.5	180		355	360	285	430	349	710
200L		318	305	133	55		16	49	200		395	400	310	475	379	775
225S	4,8		286	149	60	140	18	53	225	19	435	450	345	530	368	820
225M	2	356	311	149	55	110	16	49	225	19	435	450	345	530	393	815
225M	4,6,8	356	311	149	60			53	225		435	450	345	530	393	845
250M	2	406	349	168	60		18	53	250		490	495	385	575	455	930
250M	4,6,8	406	349	168	65		18	58	250		490	495	385	575	455	930
280S	2		368		65	140	18	58		24					530	1000
280S	4,6,8	457	368	190	75		20	67.5	280		550	555	410	640	530	1000
280M	2	457	419	190	65		18	58	280		550	555	410	640	581	1050
280M	4,6,8	457	419	190	75		20	67.5							581	1050

D 公差: 80～90L: +0.009 −0.004; 100L～160L: +0.018 +0.002; 225S～280M: +0.030 +0.011

第9章 图 例

9.1 装配图图例

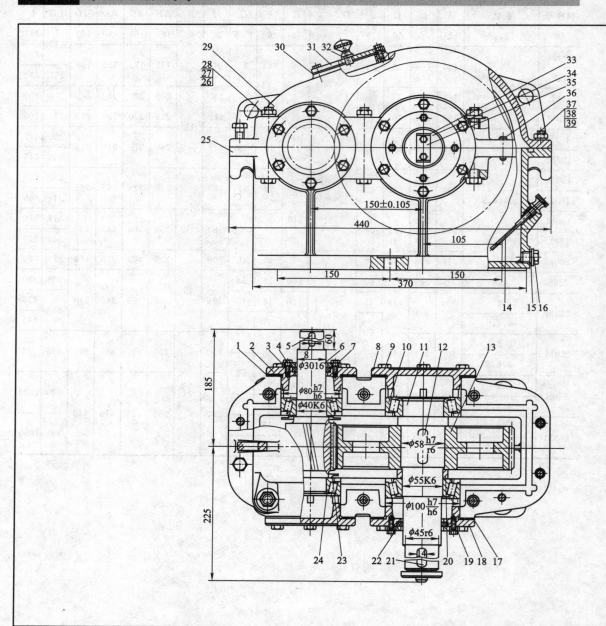

图 9-1 一级斜齿圆

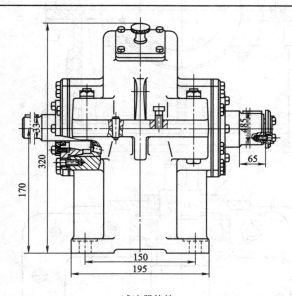

减速器特性

1. 功率：5kW；2. 高速轴转数：400r/min；3. 传动比：3.85

技 术 要 求

1. 在装配之前，所有零件用煤油清洗，滚动轴承用汽油清洗，机体内不许有任何杂物存在。内壁涂上不被机油侵蚀的涂料 2 次；

2. 啮合侧隙 Cn 之大小不用铅丝来检验，保证侧隙不小于 14，所用铅丝不得大于最小侧隙 4 倍；

3. 用涂色法检验斑点，按齿高接触斑点不少于 45%；按齿长接触斑点不少于 60%，必要时可用研磨或刮后研磨改善接触情况；

4. 调整、固定轴承时应留有轴向间隙：$\phi40$ 时为 0.05～0.1，$\phi55$ 时为 0.08～0.15；

5. 检查减速器剖分面、各接触及密封处，均不漏油。剖分面允许涂以密封油或水玻璃，不允许使用任何填料；

6. 机座内装 45 号机油至规定高；

7. 表面涂灰色油漆。

柱齿轮减速器

序号	名称	数量	材料	备注
39	垫圈	2	65Mn	10 GB/T 93
38	螺母	2	Q235A	M10 GB/T 6170
37	螺栓	3	Q235A	M10×35 GB/T 5782
36	销	2	35	8×30 GB/T 117
35	防松垫片	1	35	
34	轴端盖圈	1	Q235A	
33	螺栓	2	Q235A	M6×20 GB/T 5782
32	通气器	1	Q235A	
31	视孔盖	1	35	
30	垫片	1	石棉橡胶纸	
29	机盖	1	HT200	
28	垫圈	6	65Mn	12 GB/T 93
27	螺母	6	Q235A	M12 GB/T 6170
26	螺栓	6	Q235A	M12×100 GB/T 5782
25	机座	1	HT200	
24	轴承	2		30208
23	挡油环	2	A0	
22	毡封油圈	1	半粗羊毛毡	
21	键	1	Q275	14×56 GB/T 1096
20	定距环	1	A3	
19	密封盖	1	A3	
18	可穿通端盖	1	HT200	
17	调整垫片	2	08E	成组
16	螺塞	1	Q235A	
15	垫片	1	石棉橡胶纸	
14	油标尺	1		组合件
13	大齿轮	1	40Cr	
12	键	1	Q275A	16×50 GB/T 1096
11	轴	1	45	
10	轴承	2		30211
9	螺栓	24	Q235A	M8×25 GB/T 5782
8	端盖	1	HT200	
7	毡封油圈	1	半粗羊毛毡	
6	齿轮轴	1	45	
5	键	1	Q275	8×50 GB/T 1096
4	螺栓	12	Q235A	M6×15 GB/T 5782
3	密封盖	1	Q235A	
2	可穿通端盖	1	HT200	
1	调整垫片	2	08F	成组

齿轮减速器		比例		图号	
		载量		重量	
设计					
绘图					
审核					

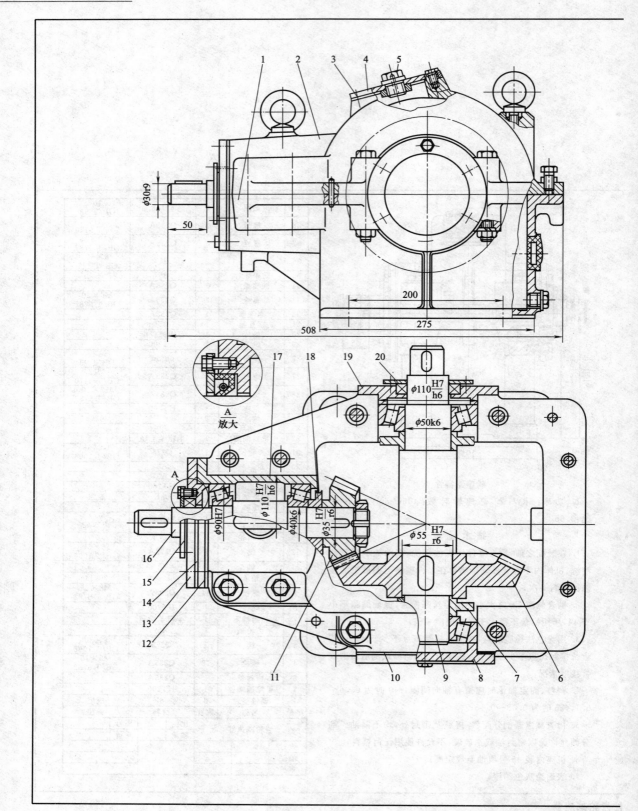

图 9-2 一级圆锥

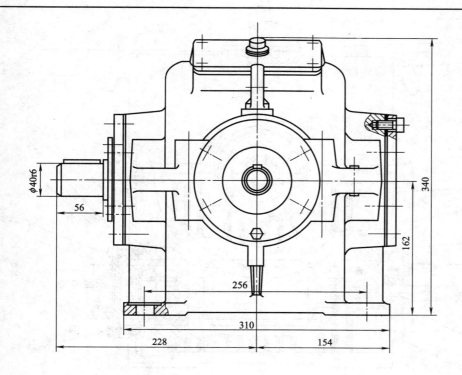

减速器参数

1. 功率：5.5kW；2. 高速轴转速：420r/min；3. 传动比：2：1

技 术 要 求

1. 装配前，所有零件进行清洗，箱体内壁涂耐油油漆；

2. 啮合侧隙之大小用铅丝来检验，保证侧隙不小于 0.17mm，所用铅丝直径不得大于最小侧隙的 2 倍；

3. 用涂色法检验齿面接触斑点，按齿高和齿长接触斑点都不少于 50%；

4. 调整轴承轴向间隙，高速轴为 0.04~0.07mm，低速轴为 0.05~0.1mm；

5. 减速器剖分面、各接触面及密封处均不许漏油，剖分面允许涂密封胶或水玻璃；

6. 减速器内装 50 号工业齿轮油至规定高度；

7. 减速器表面涂灰色油漆。

20	密封盖	1	Q215A		8	轴承端盖	1	HT150	
19	轴承端盖	1	HT150		7	挡油环	2	Q235A	
18	挡油环	1	Q235A		6	大锥齿轮	1	40	$m=5,z=40$
17	套杯	1	HT150		5	通气器	1	Q235A	
16	轴	1	45		4	窥视孔盖	1	Q235A	组件
15	密封盖板	1	Q215A		3	垫片	1	压纸板	
14	调整垫片	1组	08F		2	箱盖	1	HT150	
13	轴承端盖	1	HT150		1	箱座	1	HT150	
12	调整垫片	1组	08F		序号	名称	数量	材料	备注
11	小锥齿轮	1	45	$m=5,z=20$					
10	调整垫片	2组	08F			（标题栏）			
9	轴	1	45						

齿轮减速器

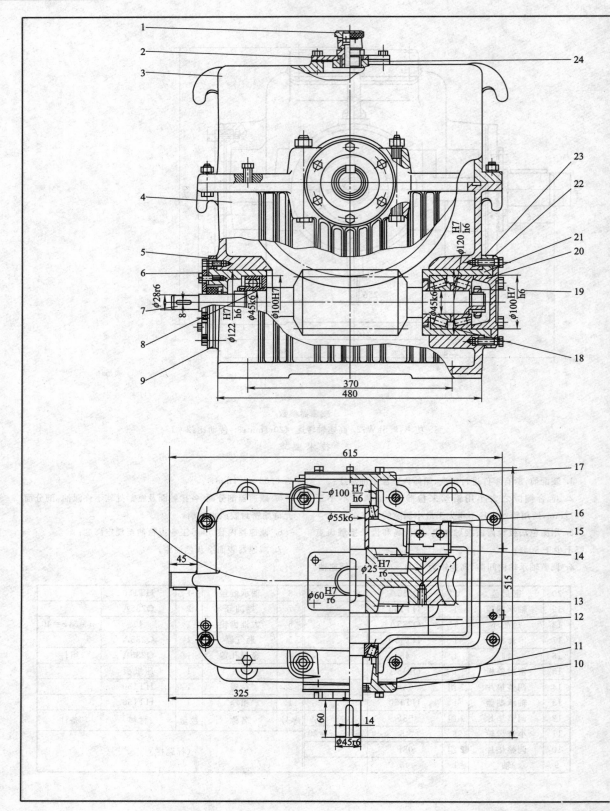

图 9-3 一级蜗杆

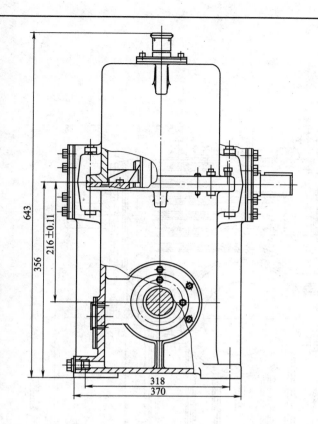

技术参数		
输入功率	P_1	4.5kW
主动轴转速	n_1	1500r/min
传动效率	η	85％
传动比	i	30

技 术 要 求

1. 装配前所有零件均用煤油清洗,滚动轴承用汽油清洗;

2. 各配合处、密封处、螺钉连接处用润滑脂润滑;

3. 保证啮合侧隙不小于 0.19mm;

4. 接触斑点按齿高不得小于 50％,按齿长不得小于 50％;

5. 螺杆轴承的轴向间隙为 0.04～0.07mm,蜗轮轴承的轴向间隙为 0.05～0.1mm;

6. 箱内装 SH 0094-91 蜗轮蜗杆油 680 号至规定高度;

7. 未加工外表面涂灰色油漆,内表面涂红色耐油漆。

24	垫片	1	石棉橡胶纸		10	轴承端盖	1	HT150	
23	调整垫片	1组	08F		9	密封垫片	1	08F	
22	调整垫片	1组	08F		8	挡油环	1	Q235A	
21	套杯	3	HT150		7	蜗杆轴	1	45	
20	轴承端盖	1	HT150		6	压板	1	Q235A	
19	挡圈	1	Q235A		5	套杯端盖	1	HT150	
18	挡油环	1	Q235A		4	箱座	1	HT200	
17	轴承端盖	1	HT150		3	箱盖	1	HT200	
16	套筒	1	Q235A		2	窥视孔盖	1	Q235A	组件
15	油盘	1	Q235A		1	通气器	1		组件
14	刮油板	1	Q235A		序号	名称	数量	材料	备注
13	蜗轮	1		组件					
12	轴	1	45			(标题栏)			
11	调整垫片	2组	08F						

下置式减速器

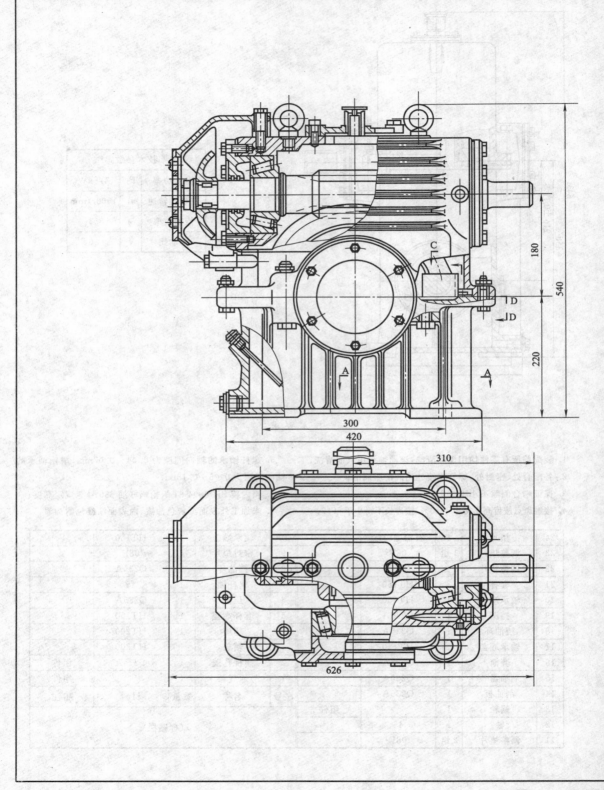

图 9-4　一级蜗杆

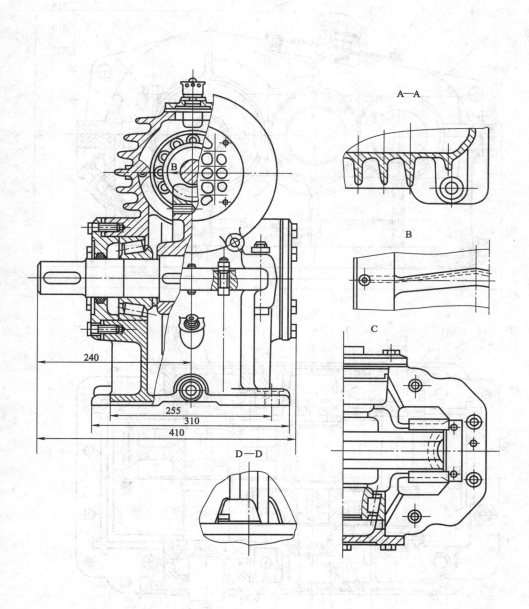

A—A

B

C

D—D

上置式减速器

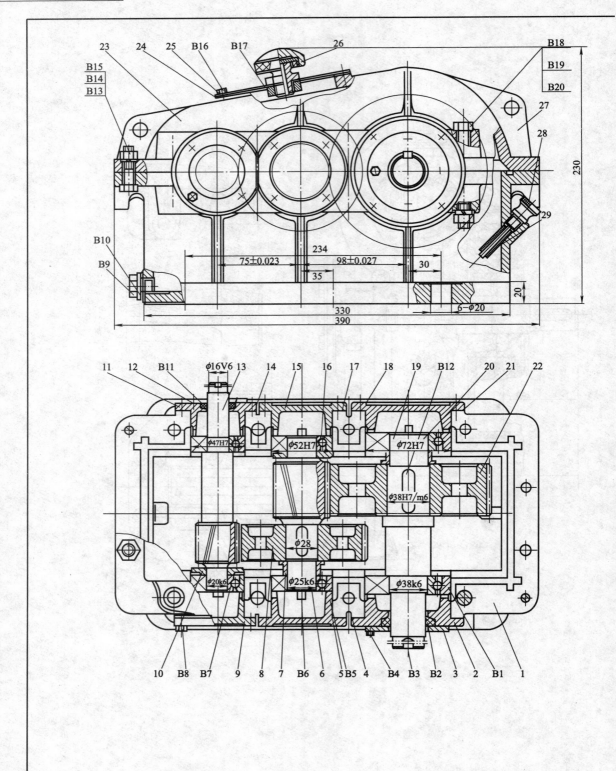

图 9-5 二级展开式斜齿

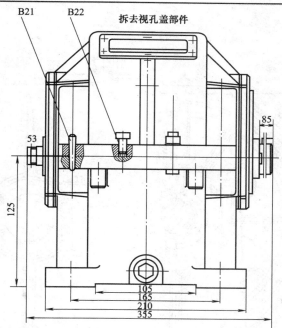

B21 B22 拆去视孔盖部件

技 术 特 性

输入功率/kW	输入轴转速/r·min⁻¹	效率 η	总传动比 i	传动特性			
				第一级		第二级	
				m_n	β	m_n	β
4	1440	0.94	11.99	2	13°43′48″	2.5	11°2′38″

技 术 要 求

1. 装配前箱体与其他铸件不加工面应清理干净,除去毛边毛刺,并浸涂防锈漆;

2. 零件在装配前用煤油清洗,轴承用汽油清洗干净,晾干后表面应涂油;

3. 齿轮装配后应用涂色法检查接触斑点,圆柱齿轮铅齿高不小于 40%,沿齿长不小于 50%;

4. 调整、固定轴承时应留有轴向间隙 0.2~0.5mm;

5. 减速器内装 N220 工业齿轮油,油量达到规定深度;

6. 箱体内壁涂耐油油漆,减速器外表面涂灰色油漆;

7. 减速器剖分面、各接触面及密封处均不允许漏油,箱体剖分面应涂以密封胶或水玻璃,不允许使用其他任何填充料;

8. 按试验规程进行试验。

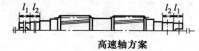

l_1 l_2 l_2 l_1

高速轴方案

高速轴采用两端全对称结构,当一端齿轮损坏时,便于调头继续使用。

B13	螺栓	1	Q235	GB/T 5782 M10×35
B12	键	1	45	键 8×40 GB/T 1096
B11	毡圈	1	半粗羊毛毡	毡圈 30JB/ZQ 4606
B10	封油圈	1	软钢纸板	
B9	油塞	1	Q235	
B8	螺钉	24	Q235	GB/T 5783 M8×12
B7	角接触球轴承	2		36204 GB/T 292
B6	键	1	45	键 8×28 GB/T 1096
B5	角接触球轴承	2		36205 GB/T 292
B4	螺钉	4	Q235	GB/T 5782 M5×10
B3	键	1	45	键 C8×52 GB/T 1096
B2	毡圈	1	半粗羊毛毡	毡圈 30JB/ZQ 4606
B1	角接触球轴承	2		36207 GB/T 292

12	密封盖	1	Q235	
11	轴承盖	1	HT200	
10	挡油盘	1	Q235	
9	轴承盖	1	HT200	
8	大齿轮	1	45	
7	套筒	1	Q235	
6	轴	1	45	
5	轴承盖	1	HT200	
4	调速垫片	2组	08F	
3	密封盖	1	Q235	
2	轴承盖	1	HT200	
1	箱座	1	HT200	
序号	零件名称	数量	材料	规格及标准代号	备注

二级圆柱齿轮减速器		比例		图号	
		数量		重量	
设计		年月	机械设计课程设计		(校名)
审核					(班号)

圆柱齿轮减速器

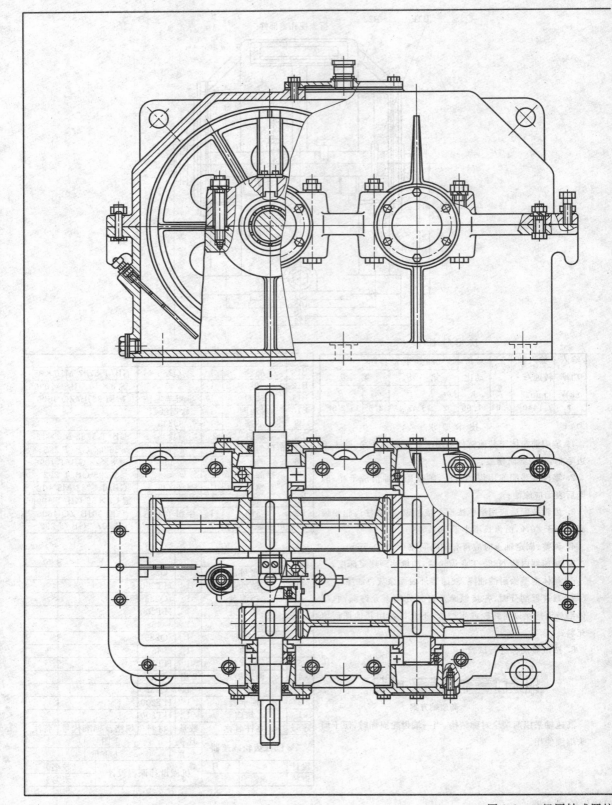

图 9-6　二级同轴式圆柱

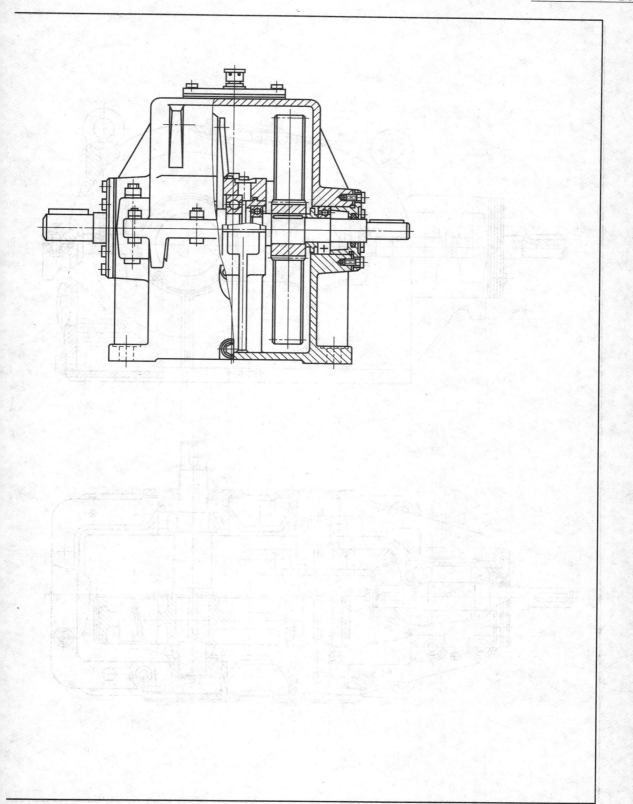

齿轮减速器

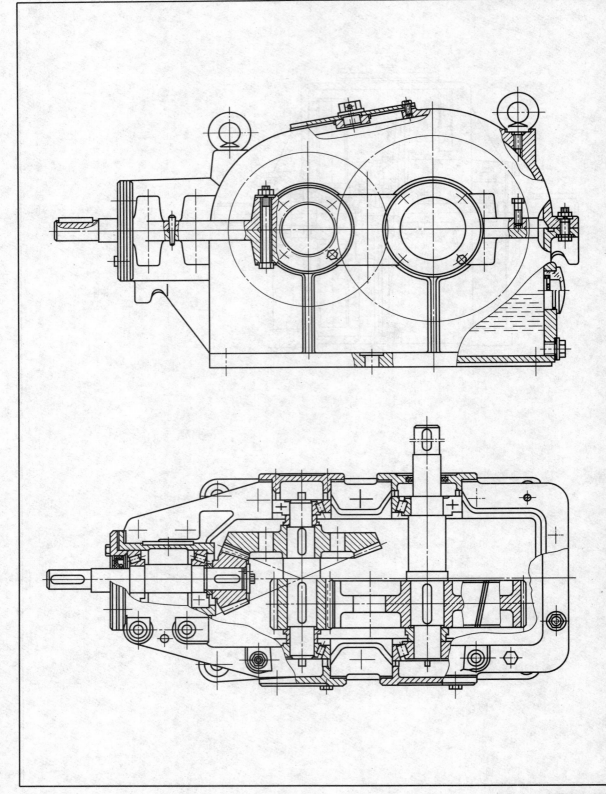

图 9-7 圆锥-圆柱齿

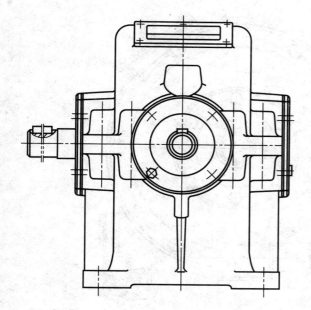

轮减速器

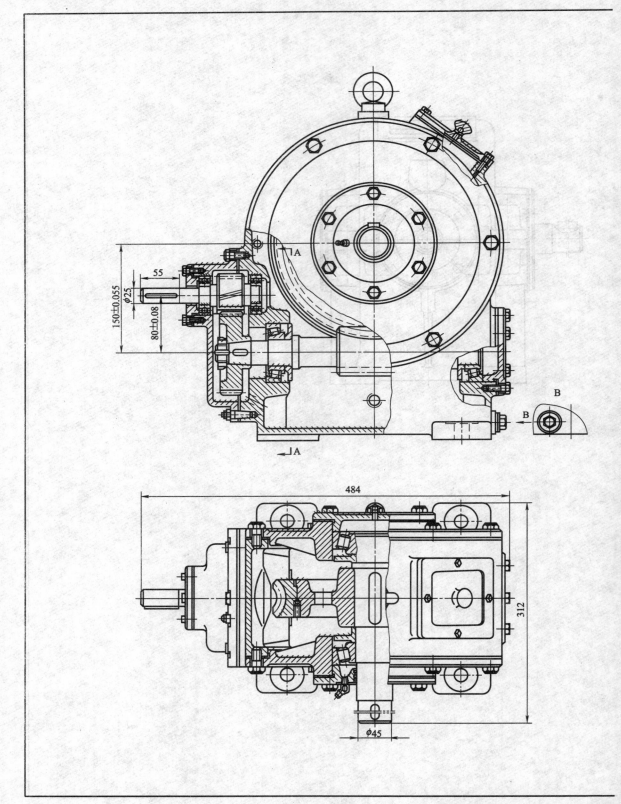

图 9-8 齿轮-蜗

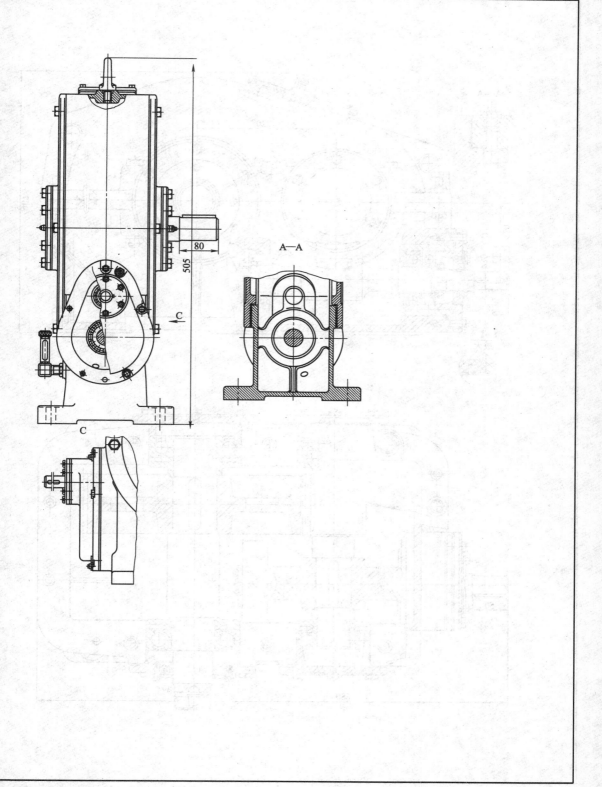

A—A

80

505

C

C

杆减速器

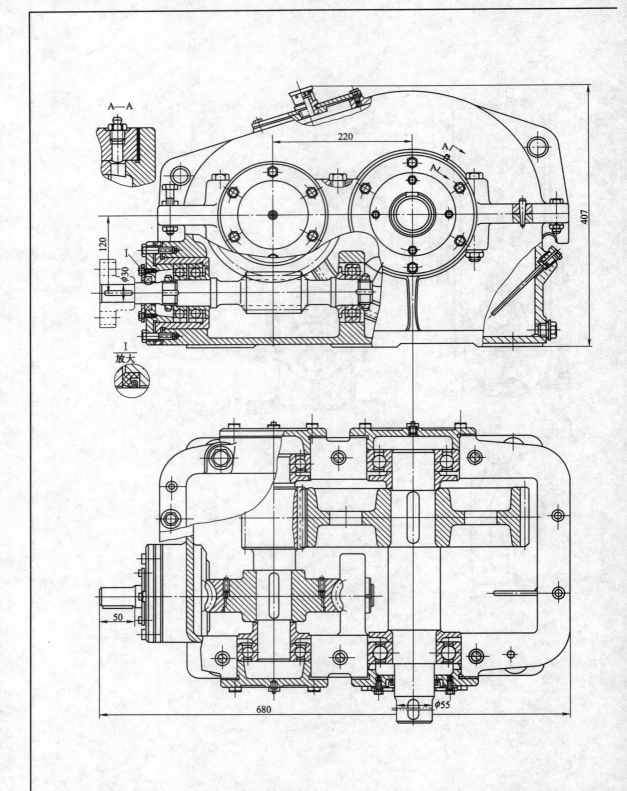

图 9-9　蜗杆-齿

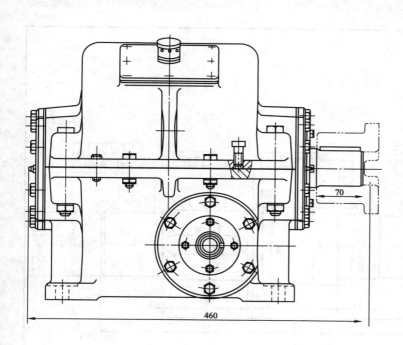

460

70

蜗杆轴承结构方案

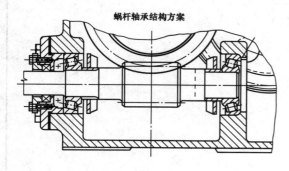

轮减速器

9.2 零件图图例

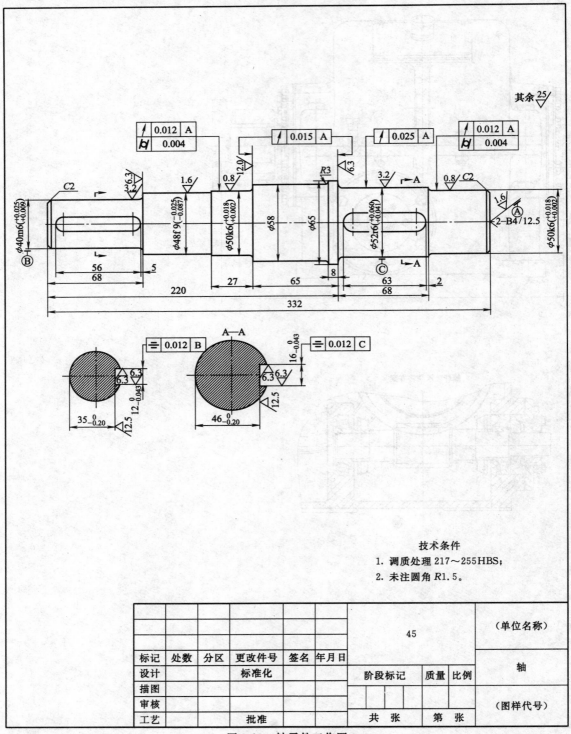

技术条件

1. 调质处理 217～255HBS；
2. 未注圆角 R1.5。

标记	处数	分区	更改件号	签名	年月日			45			（单位名称）
设计			标准化								轴
描图						阶段标记			质量	比例	
审核											
工艺			批准			共 张			第 张		（图样代号）

图 9-10　轴零件工作图

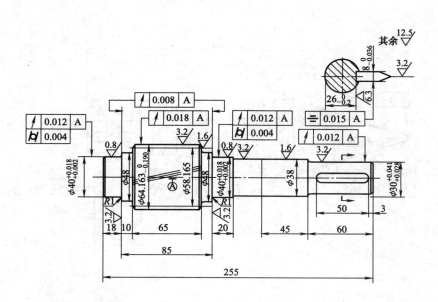

技术条件

1. 调质处理表面硬度 220～250HBS；

2. 两端中心孔 B3.15/10，表面粗糙度 3.2；

3. 其余圆角半径 R2；

4. 全部倒角 C1.5；

5. 未注尺寸公差按 IT12。

法向模数	m_n	3	配对齿轮	图号	
齿数	z	19		齿数	77
齿形角	α	20°		检验	公差（或
齿顶高系数	h_a^*	1	公差组	项目	极限偏
螺旋角	β	11°28′42″		代号	差）值
螺旋方向	右旋		Ⅰ	F_r	0.050
径向变位系数	x	0	Ⅰ	F_w	0.028
齿厚	$4.712_{-0.140}^{-0.084}$		Ⅱ	f_r	0.011
精度等级	7GJ GB 10095		Ⅱ	f_{pb}	±0.013
齿轮副中心距及其极限偏差	$a±f_a$	150±0.032	Ⅲ	F_β	0.016
					（标题栏）

图 9-11　斜齿轮轴零件工作图

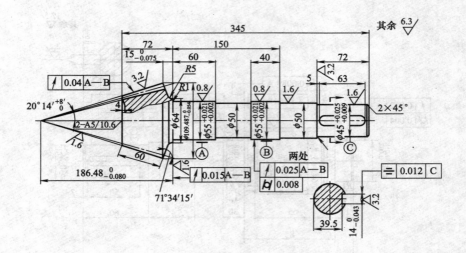

技术条件

1. 调质处理，齿面硬度为180～210HBS；

2. 未注明圆角半径$R=2$；

3. 未注倒角为$1.5\times45°$。

模数	m	5		精度等级		7cb	GB/T 11365
齿数	z_2	20		接触 齿高		≥65%	
法向齿形角	α_n	20°		斑点 齿长		≥60%	
分度圆直径	d_2	100	备	全齿高	h	11	
分锥角	δ	18°26′		轴交角	Σ	90°	
根锥角	δ_f	16°15′		侧隙	j	0.087	
锥距	R	158.114	注	配对齿轮齿数	z_m	60	
螺旋角及方向	β	直齿		配对齿轮图号			
变位	高度	x	0	公差组	项目代号	公差值	
系数	切向		0				
测量	齿厚	$\bar{s}$	$7.847^{-0.059}_{-0.144}$	Ⅰ	F_r	0.04	(标题栏)
	齿高	$\bar{h}_a$	5.147	Ⅱ	f_{pt}	±0.018	

图 9-12 锥齿轮轴零件工作图

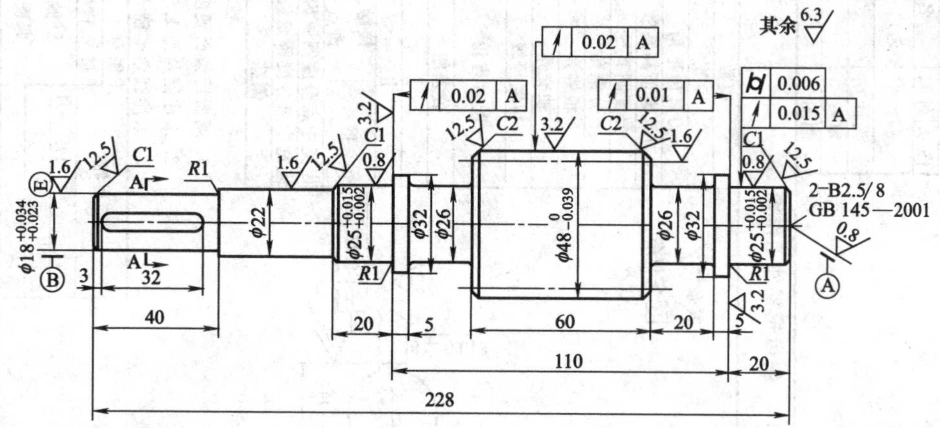

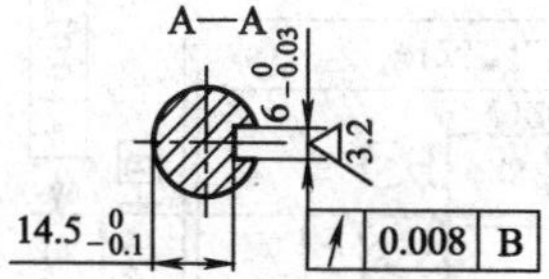

模数	m	4
齿数	Z	1
齿形角	α	20°
齿顶高系数	h_a^*	1.0
径向间隙系数	c	0.2
螺旋线方向		右旋
导程角	γ	5°42′38″
分度圆直径	d_1	40
中心距及其偏差	$a \pm f_a$	80±0.037
蜗杆类型		阿基米德
精度等级		7c GB/T 10089
相啮合蜗轮	图号	
	齿数	30
轴向齿距极限偏差	$\pm f_{px}$	±0.014
轴向齿距累积公差	f_{pxl}	0.024
齿形公差	f_{f1}	0.022
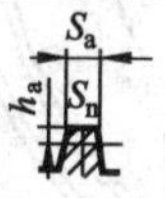	h_a	4
	S_a	6.283
	S_n	$6.252_{-0.192}^{-0.136}$

蜗杆轴面，法面齿厚

技术要求

1. 调质处理 220～240HBS；
2. 未注圆角半径 $R2 \sim 3$。

蜗杆轴		图号		比例	1:1
		材料	45	数量	100
设计	(姓名)	机械设计课程设计			
审计	(姓名)	(校名班号)			
成绩					
日期					

图 9-13 蜗杆轴零件工作图

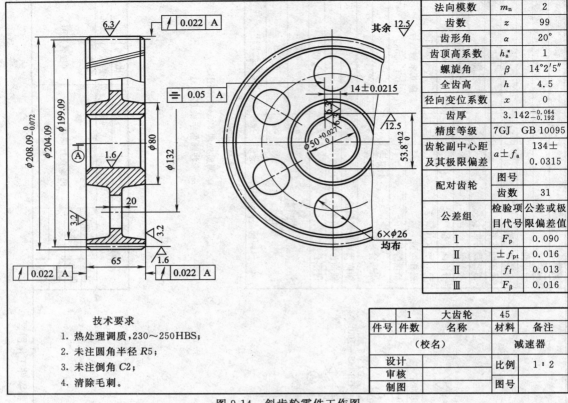

法向模数	m_n	2
齿数	z	99
齿形角	α	20°
齿顶高系数	h_a^*	1
螺旋角	β	14°2′5″
全齿高	h	4.5
径向变位系数	x	0
齿厚		$3.142_{-0.192}^{-0.064}$
精度等级		7GJ　GB 10095
齿轮副中心距及其极限偏差	$a \pm f_a$	134 ± 0.0315
配对齿轮	图号	
	齿数	31
公差组	检验项目代号	公差或极限偏差值
Ⅰ	F_p	0.090
Ⅱ	$\pm f_{pt}$	0.016
Ⅱ	f_f	0.013
Ⅲ	F_β	0.016

1	大齿轮	45	
件号	件数	名称	材料　备注

（校名）			减速器
设计		比例	1：2
审核			
制图		图号	

技术要求

1. 热处理调质，230~250HBS；
2. 未注圆角半径 $R5$；
3. 未注倒角 $C2$；
4. 清除毛刺。

图 9-14　斜齿轮零件工作图

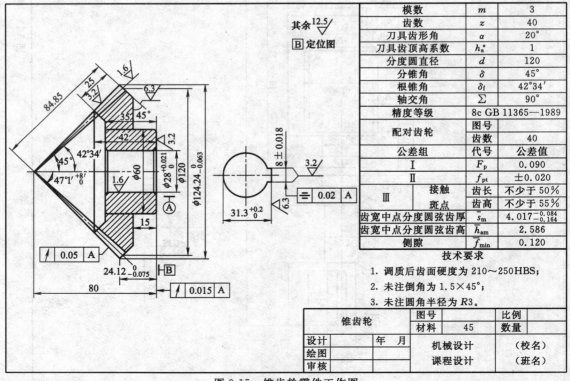

模数	m	3
齿数	z	40
刀具齿形角	α	20°
刀具齿顶高系数	h_a^*	1
分度圆直径	d	120
分锥角	δ	45°
根锥角	δ_f	42°34′
轴交角	Σ	90°
精度等级		8c GB 11365—1989
配对齿轮	图号	
	齿数	40
公差组	代号	公差值
Ⅰ	F_p	0.090
Ⅱ	f_{pt}	±0.020
Ⅲ	接触斑点	齿长 不少于50%
		齿高 不少于55%
齿宽中点分度圆弦齿厚	$\bar{s}_m$	$4.017_{-0.164}^{-0.084}$
齿宽中点分度圆弦齿高	$\bar{h}_{am}$	2.586
侧隙	$\bar{f}_{min}$	0.120

技术要求

1. 调质后齿面硬度为 210~250HBS；
2. 未注倒角为 1.5×45°；
3. 未注圆角半径为 $R3$。

锥齿轮		图号		比例	
		材料	45	数量	
设计	年　月	机械设计		（校名）	
绘图		课程设计		（班名）	
审核					

图 9-15　锥齿轮零件工作图

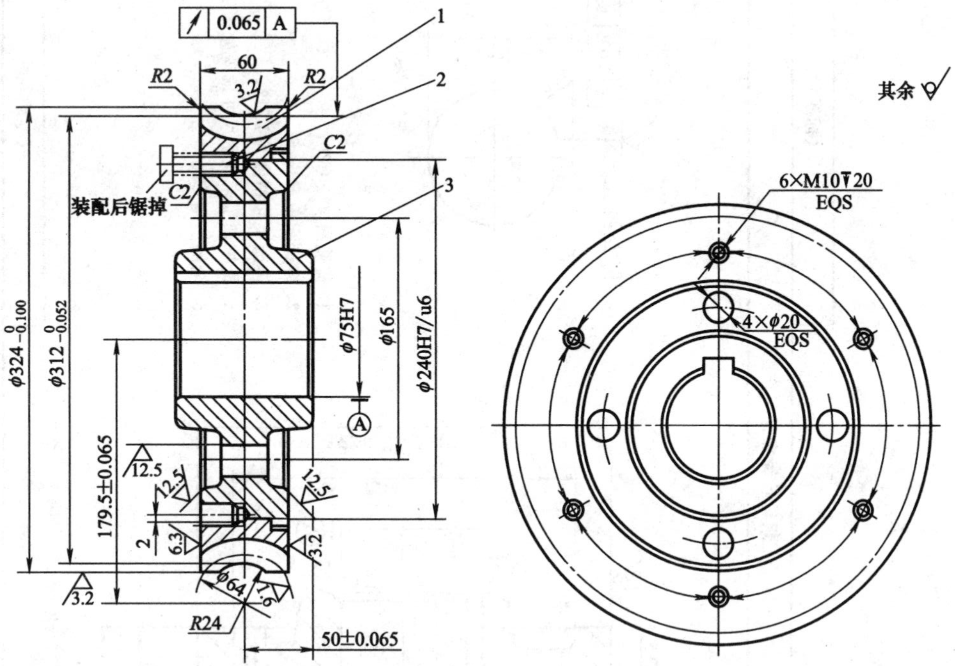

中间平面模数	m	8
齿数	z_2	37
蜗杆轴向齿形角	α	20°
齿顶高系数	h_a^*	1
顶隙系数	c^*	0.2
轮齿倾斜角	β	14°45'00"
轮齿倾斜方向		左旋
变位系数	x	0
精度等级		8c GB 10089
分度圆直径	d_2	296
全齿高	h	17.6
相啮合蜗杆的图号		
蜗杆类型		ZA
蜗轮径向综合公差	F_i''	0.112
蜗轮一齿径向综合公差	f_i''	0.045
蜗轮齿形公差	f_{f2}	0.028

3		轮芯	1	HT150	
2		螺栓 M10×40	6	Q235A	
1		轮缘	1	ZCuSn10P1	
序号		名称	数量	材料	备注

（标题栏）

技术要求

未注尺寸偏差处精度度为 IT12。

图 9-16 蜗轮部件装配图

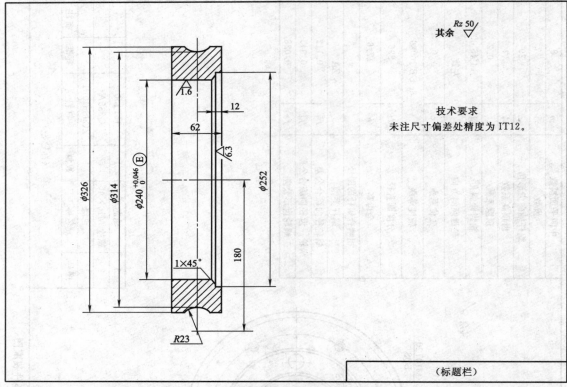

其余 $\overset{Rz\ 50}{\triangledown}$

技术要求
未注尺寸偏差处精度为 IT12。

（标题栏）

蜗轮轮缘零件工作图

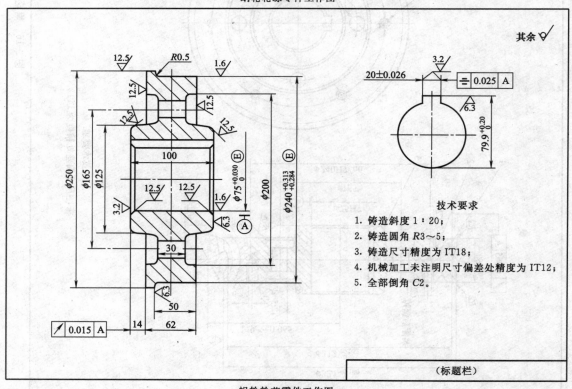

其余 $\vee$

技术要求

1. 铸造斜度 1 : 20；
2. 铸造圆角 R3～5；
3. 铸造尺寸精度为 IT18；
4. 机械加工未注明尺寸偏差处精度为 IT12；
5. 全部倒角 C2。

（标题栏）

蜗轮轮芯零件工作图

图 9-17　蜗轮零件工作图

9.3　常见错误图例

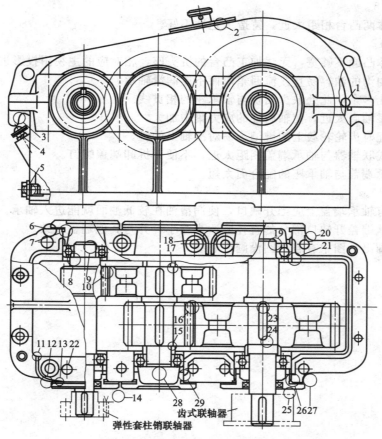

图 9-18　减速器装配图常见错误

图 9-18 中"○"表示不好或错误的结构：

1——机体内壁的油不能进入导油沟内对轴承进行润滑。

2——窥视孔相对较小，不便于检查传动件的啮合情况，并且没有垫片密封。

3——两端吊钩尺寸不同，左端吊钩尺寸太小。

4——油标尺座孔不够倾斜，无法进行加工，油标尺无法安装和拆卸。

5——箱体在放油螺塞孔外端面处没有凸起的加工面，螺塞与箱体之间也没有封油圈，并且螺纹孔长度太短，很容易漏油。

6——箱体上轴承孔端面处没有凸起的加工面。

7——调整垫片孔径太小，轴承端盖无法装入。

8——轴肩过高（高于轴承内圈的厚度），不便于轴承拆卸。

9——轴颈稍长，有弊无益。

10——大小齿轮宽度相同，很难保证两齿轮在全齿宽上啮合，并且大齿轮没有倒角。

11——投影交线不对。

12——同 6。

13——同 11。

14——联轴器与轴承端盖间距太短，不便于拆卸联轴器。

15——轴与齿轮轮毂的配合段长度相同，套筒不能可靠地对齿轮进行轴向固定。

16——同 10。

17——同 15。

18——箱体两凸台相距太近，铸造工艺性不好。

19——同 9。

20——箱体凸缘不够宽，无法加工凸台的沉头座，相对应的主视图投影也不对。

21——输油沟的油容易直接流回箱内而不能润滑轴承。

22——此孔多余，此处缺少凸台与轴承座的相贯线。

23——键靠轴肩太近，使轴肩处的应力集中加大。

24——装配时齿轮轮毂上的键槽不易对准轴上的键。

25——齿式联轴器与轴承端盖相距太近，不便于拆卸端盖螺钉。

26——轴承端盖与轴承座的配合面太短。

27——同 20。

28——所有轴承端盖上应当开缺口，使润滑油在较低油面就能进入轴承。

29——轴承端盖开缺口部分的直径应适当缩小，并与其他端盖一致。

30——未圈出，图中有若干圆没画中心线。

附录 任务书

《机械设计》课程设计任务书（1）

1. 设计题目

设计带式输送机上用的单级斜齿圆柱齿轮减速器。输送机由交流电动机带动，双班制工作，工作时有轻微振动，工作年限为 5 年。设输送带的阻力矩为 T，滚筒直径为 D，运行速度为 v（设计时允许有 $\pm 5\%$ 的偏差），输送方向分为单向和双向传动，数据分组如下表：

$T/\mathrm{N \cdot m}$	900		700		670		650		950		1000		660		900	
D/mm	300		300		330		350		350		380		360		320	
$v/\mathrm{m \cdot s^{-1}}$	0.70		0.63		0.75		0.85		0.80		0.80		0.84		0.75	
输送方向	单	双	单	双	单	双	单	双	单	双	单	双	单	双	单	双
任务分配																

2. 设计要求

（1）设计传动装置中的各零件。

（2）完成单级斜齿圆柱齿轮减速器设计，绘制装配图（A1）。

（3）绘制大齿轮或输出轴零件图（A2）。

（4）编制设计计算说明书一份（A4）。

3. 传动配置示意图

1	电动机
2	带传动
3	减速器
4	联轴器
5	输送机滚筒

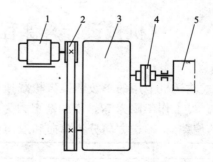

《机械设计》课程设计任务书（2）

1. 设计题目

设计带式输送机上用的蜗轮蜗杆减速器。输送机由交流电动机带动，三班制工作，工作年限为 10 年。设输送带的拉力为 F，传送带滚筒直径为 D，运行速度为 v（设计时允许有 $\pm 5\%$ 的偏差），输送方向分为单向和双向传动（单向运转时，有中等冲击；双向运转，工作平稳），数据分组如下表：

F/N	1600		1700		1800		1900		2000		2100		2200		2300	
D/mm	370		360		350		340		330		320		310		300	
v/(m/s)	0.70		0.75		0.80		0.85		0.90		0.95		1.00		1.05	
输送方向	单	双	单	双	单	双	单	双	单	双	单	双	单	双	单	双
任务分配																

2. 设计要求

　　（1）设计传动装置中的各零件。

　　（2）完成蜗轮蜗杆减速器设计，绘制装配图（A1）。

　　（3）绘制蜗杆或蜗轮零件图（A2）。

　　（4）编制设计计算说明书一份（A4）。

3. 传动配置示意图

1	电动机
2	联轴器
3	减速器
4	联轴器
5	输送机滚筒

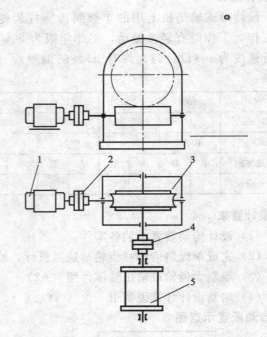

《机械设计》课程设计任务书（3）

1. 设计题目

　　设计带式输送机上用的单级圆锥齿轮减速器。输送机由交流电动机带动，双班制工作，有轻微振动。设工作年限为 N，带的牵引力为 F，滚筒直径为 D，运行速度为 v（设计时允许有 $\pm 5\%$ 的偏差），输送方向分为单向和双向传动，数据分组如下表：

N/年	5		5		6		6		7		7		8		8	
F/N	1050		1200		1350		1500		1650		1800		1950		2100	
D/mm	80		100		120		140		160		180		200		220	
v/(m/s)	1.4		1.26		1.5		1.7		1.6		1.6		1.68		1.5	
输送方向	单	双	单	双	单	双	单	双	单	双	单	双	单	双	单	双
任务分配																

2. 设计要求

　　（1）设计传动装置中的各零件。

（2）完成单级圆锥齿轮减速器设计，绘制装配图（A1）。

（3）绘制大锥齿轮或输出轴零件图（A2）。

（4）编制设计计算说明书一份（A4）。

3. 传动配置示意图

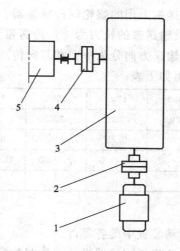

1	电动机
2	联轴器
3	减速器
4	联轴器
5	输送机滚筒

《机械设计》课程设计任务书（4）

1. 设计题目

设计带式输送机上用的二级斜齿圆柱齿轮减速器。输送机由交流电动机带动，单班制工作，工作年限为 5 年，输送方向分为单向和双向传动（单向运转时，有中等冲击；双向运转，工作平稳）。设带的牵引力为 F，滚筒直径为 D，运行速度为 v（设计时允许有 $\pm5\%$ 的偏差），数据分组如下表：

F/N	3000		2900		2800		2700		3000		2900		2800		2700	
D/mm	400		400		350		350		300		300		250		250	
$v/(m/s)$	0.32		0.34		0.36		0.38		0.40		0.42		0.44		0.46	
输送方向	单	双	单	双	单	双	单	双	单	双	单	双	单	双	单	双
任务分配																

2. 设计要求

（1）设计传动装置中的各零件。

（2）完成二级斜齿圆柱齿轮减速器设计，绘制装配图（A1）。

（3）绘制大齿轮和输出轴零件图各一张（A2）。

（4）编制设计计算说明书一份（A4）。

3. 传动配置示意图

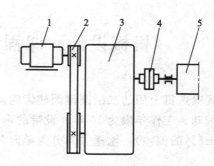

1	电动机
2	带传动
3	减速器
4	联轴器
5	输送机滚筒

《机械设计》课程设计任务书（5）

1. 设计题目

设计带式输送机上用的蜗轮蜗杆减速器。输送机由交流电动机带动，三班制工作，工作年限为 10 年。设输送带的拉力为 F，传送带滚筒直径为 D，运行速度为 v（设计时允许有 ±5％的偏差），输送方向分为单向和双向传动（单向运转时，有中等冲击；双向运转，工作平稳），数据分组如下表：

F/N	1600		1700		1800		1900		2000		2100		2200		2300	
D/mm	370		360		350		340		330		320		310		300	
$v/m \cdot s^{-1}$	0.70		0.75		0.80		0.85		0.90		0.95		1.00		1.05	
输送方向	单	双	单	双	单	双	单	双	单	双	单	双	单	双	单	双
任务分配																

2. 设计要求

(1) 设计传动装置中的各零件。

(2) 完成蜗轮蜗杆减速器设计，绘制装配图（A1）。

(3) 绘制蜗轮和输出轴零件图各一张（A2）。

(4) 编制设计计算说明书一份（包括热平衡计算）（A4）。

3. 传动配置示意图

1	电动机
2	联轴器
3	减速器
4	联轴器
5	输送机滚筒

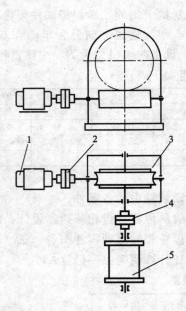

《机械设计》课程设计任务书（6）

1. 设计题目

设计带式输送机上用的二级圆锥圆柱齿轮减速器。输送机由交流电动机带动，双班制工作，有轻微振动，工作年限为 10 年。设带的牵引力为 F，滚筒直径为 D，运行速度为 v（设计时允许有 ±5％的偏差），输送方向分为单向和双向传动（单向运转时，有中等冲击；双向运转，工作平稳），数据分组如下表：

F/N	1600		1700		1800		1900		2000		2100		2200		2300	
D/mm	330		340		350		360		370		380		390		400	
$v/(m/s)$	1.00		1.10		1.20		1.30		1.40		1.50		1.60		1.70	
输送方向	单	双	单	双	单	双	单	双	单	双	单	双	单	双	单	双
任务分配																

2. 设计要求

（1）设计传动装置中的各零件。

（2）完成二级圆锥圆柱齿轮减速器设计，绘制装配图（A1）。

（3）绘制大锥齿轮和输出轴零件图各一张（A2）。

（4）编制设计计算说明书一份（A4）。

3. 传动配置示意图

1	电动机
2	联轴器
3	减速器
4	联轴器
5	输送机滚筒

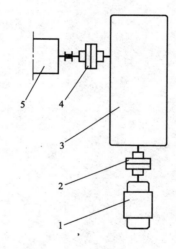

参 考 文 献

[1] 濮良贵等编. 机械设计. 北京：高等教育出版社，2006.

[2] 王旭等编. 机械设计课程设计. 北京：机械工业出版社，2003.

[3] 陈立德等编. 机械设计基础课程设计. 北京：机械工业出版社，2004.

[4] 张美麟等编. 机械基础课程设计. 北京：化学工业出版社，2001.

[5] 龚义主编. 机械设计课程设计. 北京：高等教育出版社，1999.